液晶热像传热 测试技术

饶 宇 编著

上海交通大学 出版社
SHANGHAI JIAO TONG UNIVERSITY PRESS

内容提要

本书全面地介绍了液晶热像传热测试技术的原理、装置以及应用方法,剖析了液晶热像传热测量误差的影响因素,并结合丰富的实验案例介绍了液晶热像在复杂结构表面传热测量中的应用。本书可供航空航天、能源与动力工程及工程热物理等领域的科学研究人员、工程技术人员以及高等院校学生参考。

图书在版编目(CIP)数据

液晶热像传热测试技术/ 饶宇编著. —上海:上
海交通大学出版社,2023.12
    ISBN   978-7-313-29858-4

    Ⅰ.①液…   Ⅱ.①饶…   Ⅲ.①液晶成像系统   Ⅳ.
①TN216

中国国家版本馆 CIP 数据核字(2023)第 221259 号

液晶热像传热测试技术
YEJING REXIANG CHUANRE CESHI JISHU

编   著:饶　宇

出版发行:上海交通大学出版社　　　　　　地　　址:上海市番禺路 951 号
邮政编码:200030　　　　　　　　　　　　电　　话:021-64071208
印　　制:上海颛辉印刷厂有限公司　　　　经　　销:全国新华书店
开　　本:710 mm×1000 mm　1/16　　　　印　　张:10.25
字　　数:169 千字
版　　次:2023 年 12 月第 1 版　　　　　　印　　次:2023 年 12 月第 1 次印刷
书　　号:ISBN 978-7-313-29858-4　　　　音像(电子)书号:ISBN 978-7-89424-537-3
定　　价:49.00 元

前言

液晶热像传热测试技术是近 20 年发展起来的一种先进传热实验技术,适用于复杂结构全表面精细传热与温度分布特征测量,具有高分辨率、高精度以及非接触、使用方便的特点。液晶热像传热测试技术已深入应用到航空发动机/燃气轮机热端部件(涡轮叶片、燃烧室等)复杂冷却结构表面对流传热测量、电子器件热管理、先进换热器流动传热,甚至医学热检测等重要学术和工业研究领域。这些技术领域是我国未来重点发展方向,然而与这方面内容相关的专业图书却很急缺。

笔者长期从事复杂结构表面湍流流动传热研究,深切感受到液晶热像传热测试技术是科研工作中一项实用且功能强大的实验测试工具。为此,笔者根据长期研究工作中有关液晶热像传热测试的技术积累和最新研究成果,在总结国内外研究的基础上编著了这部《液晶热像传热测试技术》,以顺应教育、科技和社会发展的需求。

本书的写作得到了许超、阎鸿捷、黎源、栾勇等课题组研究生的协助,在此表示诚挚感谢。本书的出版得到国家自然科学基金、上海交通大学出版社教材出版基金、上海交通大学研究生教材培育基金的资助。

限于作者水平及视角,书中存在的不足及疏漏之处,敬请各位读者批评指正。

目录

第1章

热色液晶及液晶热像

热色液晶(thermochromatic liquid crystal，TLC)具有颜色随温度变化的性质，是拥有手性分子结构的有机化学物质的旋光混合物。由于其在不同温度下相邻层中液晶分子的旋向不同，当受白光照射时，该液晶材料会反射不同波长的可见光，从而显现出不同的颜色。热色液晶的这种依赖于温度的光学特性可重复且可逆，因而通过严格的校准实验可建立液晶颜色和温度之间的对应关系，并将其用于物体表面温度的精确测量。

目前，可选择使用的各型热色液晶工作温度都在$-30 \sim 150$ ℃的范围内，这些液晶通常具有$1 \sim 20$ ℃的工作带宽[1]，即液晶材料在其工作带宽内颜色能够连续地从红色变化至蓝色(见图$1-1$)，也只有在工作带宽内该液晶才能用于温度测量。热色液晶的响应时间约为3 ms。纯热色液晶材料是有机化合物，易受污染，并在受到紫外光照射时品质显著下降。

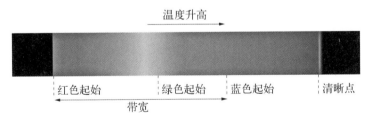

温度升高

红色起始　　绿色起始　　蓝色起始　　清晰点

带宽

图 1 - 1　液晶变色示意图

扫码获彩图

目前，实际使用的热色液晶都是经过微胶囊化(microencapsulation)的，即热色液晶材料被包覆在微米粒度大小的透明聚合物微胶囊中，这使得液晶材料的稳定性得到明显提高，并更易于使用，如图$1-2$所示。通常使用的热色液晶材料由 Hallcrest 公司(Glenview，美国)和 Merck 公司(Poole，英国)

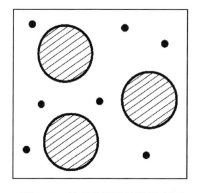

图 1-2　液晶的微胶囊化示意图

提供。

液晶热像技术是一种新型非接触式温度测量方法,该方法利用热色液晶在特定的温度范围内所显示颜色的色调值与其温度是一一对应的这种特性,实现对物体表面温度场的精确测量和可视化。液晶热像技术最突出的优点在于,它能够精确地对全表面温度场进行定量测量,并且能够适应复杂形状表面的温度测量。

利用热色液晶颜色随温度变化的特性,通过对温度的测量可间接地测量局部传热系数,例如 Ireland 等[2]、Hippensteele 等[3]、Stasiek 等[4]、Terzis 等[5]、饶宇等[6]都曾使用过热色液晶确定传热系数。热色液晶具有在定义的温度范围内变色的特性:对于窄带热色液晶,如 Hallcrest 公司的 35R1,变色温度范围为 35～36 ℃(带宽为 1 ℃),测量温度的不确定度大约为 0.1 ℃;对于宽带热色液晶,如 Hallcrest 公司的 35R20,变色范围可以达到 20 ℃(40～60 ℃),温度测量的不确定度明显地大于窄带液晶,并且依赖于液晶显色的温度区段,温度测量误差为 0.4～1.0 ℃。Stasiek 等[4]发展了热色液晶在传热和流动实验中的真彩色图像处理方法。当时液晶已经成为传热研究中可靠的温度传感器,并已应用于许多场合,以可视化复杂流场下的温度分布。如图 1-3[4]所示,Stasiek 列出了热色液晶混合物的典型反射波长(即颜色)的温度响应,图中清晰展示了反射波长随温度增加逐渐减小的规律,显色范围内红黄绿依次出现。

图 1-4[4]展示了螺旋(长线)和分子轴(短线)相对于观察者 a 呈现的焦点圆锥纹理,以及相对于观察者 b 呈现的 Grandjean 纹理或平面纹理的方向。在焦点圆锥结构中,胆甾螺旋依照椭圆和双曲线路径堆积在一起,较为杂乱,而在 Grandjean 形状中,螺旋轴在同一方向上,并且存在大面积的排列分子。这种纹理是双折射的,但在光学上不活跃。在 Grandjean 结构中,由机械剪切形成的焦点圆锥曲线、螺旋线或多或少都与其平行于入射光的轴对齐。这种织构表现出独特的光学效应,如圆偏振光二色性、选择性光反射性等特性,可以呈现出不同的色彩。

热色液晶颜色随温度变化的性质取决于其物理化学性质。

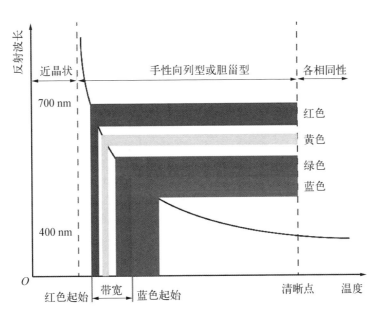

图 1－3　热色液晶混合物的典型反射波长(颜色)温度响应

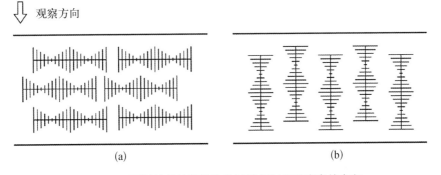

图 1－4　不同纹理的螺旋和分子轴相对于观察者的方向

(a) 焦点圆锥纹理；(b) Grandjean 纹理或平面纹理的方向

1.1　热色液晶物理化学性质

　　热色液晶混合物根据化学组成可以分为两类：胆甾型(cholesteric)和手性向列型(chiral nematic)。在传热实验中应用的液晶通常指胆甾相液晶，它的名称来源于一些胆甾醇衍生物所形成的液晶态结构。实际上，许多与胆甾醇无关的其他分子也可呈现出这种形态。胆甾相是向列相的一种畸变状态，一般由含手性中心的光活性分子所组成。在这类液晶中,液晶基元彼此平行排列成层状织构,但与近晶型结构不同,其轴向在层面上,层内各基元之间的排列与向列型类似,重心是无序排布的,相邻的层与层之间,基元的轴向取向规则地依次扭曲一定的角度(15°左右),层层累加而形成螺旋面结构,因而有极高的旋光性。指向矢会随着一层一层的不同而像螺旋状一样分布。指向矢旋转360°所需的分子层厚度称为螺距(pitch)。螺距易受外界刺激[温度、电场、磁场、机械应力、气体化学成分以及各种辐射场(红外、微波)等因素]而发生敏锐的变化,其中温度的变化是最重要的影响因素之一,它会显著地影响液晶分子的螺距,通常温度升高,螺距会减小。因此,当照射到液晶表面的入射光角度不变时,随着温度变化,不同的螺距反射不同波长的光,即 $\lambda = nP$(λ 为反射光波长,n 为液晶的折射率,P 为液晶化合物螺距),从而使液晶显示不同的色彩。

胆甾相液晶的光学性质是其物理化学性质的重要部分。

1.1.1 胆甾相液晶的光学性质

胆甾相液晶的超螺旋结构使其具有不同于一般液晶的光学性质,如选择性反射、圆二色性(circular dichroism)、强烈的旋光性,以及电光和磁光效应。

1) 胆甾相液晶的选择反射

将胆甾相液晶装入玻璃盒中,用白光照射时看到液晶盒呈现绚丽的彩色。从不同的角度观察,它的颜色也不一样;温度改变,颜色也随之改变,且颜色变化是可逆的,这就是胆甾相液晶的选择反射。胆甾相液晶的选择反射类似于晶体的布拉格(Bragg)反射。晶体布拉格一级谱反射公式为 $\lambda = 2a\sin\Phi$(Φ 是 X 射线的入射角,λ 是 X 射线的波长,a 是晶格间距)。胆甾相的本征螺距与可见光的波长相当,所以会出现可见光的布拉格反射(即出现彩色),有的胆甾相液晶螺距较大,并不能呈现彩色。如果胆甾相液晶为平面结构,即螺旋轴垂直于玻璃基板,同时满足胆甾相液晶和入射光具有相同的旋光方向,则产生布拉格反射,选择反射可见光的波长为

$$\lambda = nP\cos\left[\frac{1}{2}\arcsin\left(\frac{\sin\theta}{n}\right) + \frac{1}{2}\arcsin\left(\frac{\sin\phi}{n}\right)\right] \qquad (1-1)$$

式中:P 为胆甾型液晶的螺距;n 为垂直液晶螺旋轴平面内的平均折射率;θ 为入射角,ϕ 为反射角。

从式(1-1)中可以发现：液晶的螺距 P 与布拉格反射波长具有相同的数量级；液晶的反射波长与入射角和反射角有关，也就是说液晶的色彩会随着入射角和观察角的变化而变化；此外，当余弦项等于 1 时，最大的布拉格反射波长 $\lambda_{max} = Pn$。

2）胆甾相液晶的旋光性及其色散

旋光性是指改变偏振光振动方向的能力，它是由层状结构引起的。当线偏正光经过胆甾相液晶时，它的振动方向逐渐扭转了一个角度，即偏振光的振动平面在胆甾相液晶的螺旋结构内逐渐被旋转。因此，在光线穿过胆甾相液晶后，光线的振动平面与入射光的振动平面不同。在自然界中，有许多物质具有旋光性，而且因波长而异，例如石英、葡萄糖、果糖等。物质由于旋光的方向不同，可以分为左旋物质和右旋物质。

胆甾相液晶能使光的偏振面旋转 50 rad/mm，它的旋光性远比石英、果糖等物质高得多，是最强的旋光物质，除此之外，它还有色散性，在同样的条件下，胆甾相液晶的旋光率是石英的 500 多倍。在两块偏振片中夹一层胆甾相液晶，用全色白光入射，不同波长的光线由于旋光的程度不同，它们的出射光的偏振方向也不同，最后会因偏振片的作用而呈现不同颜色，这就是旋光色散。

3）胆甾相的圆二色性

当非偏振光入射到胆甾型液晶上时，由于胆甾型液晶分子的螺旋结构，能将光束分成两束：左旋圆偏振光和右旋圆偏振光。根据材料特点，一种光能透过液晶，另一种光则被反射（或散射），这种性能称为偏振光的圆二色性。它使胆甾型液晶在受白光照射时，呈现出彩虹色，是胆甾型液晶显色示温的基础。

胆甾型液晶的性质决定了其应用。

1.1.2　胆甾相液晶的应用

液晶由于其特殊的有序性、光学特性、热温性质以及形成化合物的稳定性而得到了广泛的应用。目前，液晶材料最主要的应用就是用来制造显示器件。当然，液晶在其他领域的应用也日益受到人们的重视。而作为液晶家族的一个大分支——胆甾相液晶，因为其独有的超螺旋结构，在可见光、红外光、电场、磁场等作用下会呈现出独特的非线性光学效应，目前主要的应用领域是传热和流动可视化研究,也几乎可以用于任何涉及温度场和热图指示的场景,例如红外激光束斑显示、温度计、变色服饰、电场检测、磁场检测,甚至有希望制成红外热像仪器等,除此之外,它在宇航工程、电子工程、医学检测、工艺品、日常生活及其他相关领域等方面的应用也十分广泛。

温度测量:谢淑云和夏允贯在《液晶热图像温度检测》一文[7]中强调了液晶在较低温度检测领域的应用价值。作者对不同配比的液晶材料进行了初步的起始变色温度颜色检测。在可见光区域内,不同配方的液晶随着温度的改变有相应的色谱变化。实验结果表明,黄色区最窄,红、绿、蓝色区域较宽。由此可见,用红或绿作为起始温度是比较合理的,液晶热图像显示,蓝紫一般作为最高温度来标定颜色。要获得理想的最佳标定曲线,需要注意配方、浴剂、工艺成型、保护层、观测角度等问题。

医学诊断:根据刘铸晋在《液晶的性质和应用》一书[8]中的描述,液晶在医学领域中的应用包括癌症的检查、胎盘的定位、人体结构的四肢血流图等。如用涂有胆甾型液晶的黑底薄膜贴在病灶区的皮肤上,则能显示温度变化低于 1 ℃的彩色温度变化图。利用液晶这种显著的色彩变化可诊断肿瘤、动脉血栓和静脉肿瘤,以提供手术的准确部位;并能根据皮肤温度的变化,以及交感神经系统的堵塞情况,判断神经系统及血管系统是否开放和内部组织损伤恢复的进度。根据选用的混合物,液晶能显示 0.1 ℃温度梯度变化的全谱图。

其他应用:据 Gray 等[9]的描述,热色液晶还可用于检查精密器件的裂缝或孔隙,因为孔隙或裂缝能使温度梯度发生变化,从而使贴在器件表面上的液晶薄膜发生相应的颜色变化,因而可以测定孔隙的位置和形状。有时候它还可部分地代替 X 射线装置用于器件检测。为了找出孔洞或隐蔽的空腔,可使物体表面产生一个小幅度的温度梯度,确定孔洞的位置与形状。这利用了液晶能精确测量整个器件表面温度的功能。

1.2 液晶热像测温技术

热色液晶拥有可重复且可逆的依赖于温度的光学特性,因而通过严格的校准实验可建立液晶颜色和温度之间的对应关系,并用于物体表面温度的精确测量。

1.2.1　液晶测温技术简介

　　由于热色液晶在不同温度下相邻层中液晶分子的旋向不同,该液晶材料在受白光照射时反射不同波长的可见光,因而显现出不同的颜色。热色液晶化学性质活泼,易降解,只有合理使用才能在给定的时间段内保证显色的准确性。已知的滞后效应、光谱效应和老化效应等都会影响液晶的显色。此外,颜色的变化还可能取决于热色液晶涂层的厚度、照明光源以及观察方向与被测表面之间的角度。此外,在某些情况下还需要考虑热色液晶响应时间。这些将在后续的章节中讨论。

　　热色液晶涂层表面的颜色反射与通过热色液晶涂层的光线效应紧密相关。入射的非偏振白光受热色液晶涂层的胆甾型平面结构内的双折射、光学活性、圆二色性和布拉格反射的组合影响。因此根据波长,光可被选择性地偏振。另外,热色液晶使入射光的偏振面极大地旋转:每毫米的可见光波长变化将使偏振面旋转数百乃至上千度。在反射波长处,光是完全圆偏振的,而由于螺旋分子结构的特征频率,反射率显著增加。因此,全反射的窄带宽导致反射颜色显得非常纯净。因为分子结构的螺距和共振频率分别直接对应于不同的温度,所以反射波长与温度有关。如图 1-5 所示,活动温度带宽内产生的色谱强烈类似于可观察到的彩虹般的可见光谱。

扫码获彩图

图 1-5　典型的热色液晶色彩变化

　　在通常情况下,热色液晶反射的色谱记录在 RGB 色彩模型中,可等价转换为 HSL 色彩模型。要得到清晰的光谱色彩需要人为添加一层黑色背景,通常使用黑色喷漆,如图 1-6[10] 所示。虽然在特定的温度带宽内可观察到典型的颜色变化,但热色液晶在该温度范围之外显示为无色。根据要覆盖的温度范围,带宽介于 0.5 ℃ 到 20 ℃ 的可用。目前,工业上可以提供 -30~120 ℃ 温度范围内具有各种温度带宽的液晶材料,这些液晶材料在其工作带宽内颜色能够连续地从红色变化至蓝色,热色液晶只有在工作带宽内才能用于温度测量。热色液晶的响应时间约为 3 ms。由于热色液晶通过记录颜色间接测量温度,因此必须通过精确校准确定热色液晶颜色-温度之间的关系。

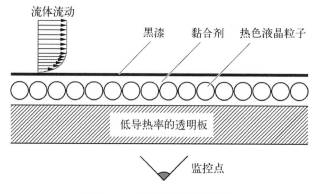

图 1-6　热色液晶喷涂示意图

纯热色液晶材料是有机化合物,易受污染,并在受到紫外光照射时品质显著下降。目前,实际使用的热色液晶都是经过微胶囊化的,即热色液晶材料被包覆在微米粒度大小的透明聚合物微胶囊中,这使得液晶材料的稳定性得到明显提高,并更易于使用。

1.2.2　液晶测温方法

液晶通常涂覆在要进行温度测量的整个表面上,用于提供壁面温度空间分布的可视化测量。液晶变色现象是可逆的、可重复的。因此,喷涂有液晶的模型可以在相当长的一段时间内用于传热实验。由于液晶略呈现乳白色的外观,需要添加黑色背景以确保透过液晶区域的所有光线尽可能地被吸收,以此防止产生不必要的反射光,影响实验结果。Schulz 等[11]详细研究了涂层厚度对热色液晶传热实验的影响。图 1-7[11]详细给出了相机视角与液晶涂层的喷涂顺序,观察视角依次为透明板、液晶层、黑漆层。在液晶涂层上方涂布可喷涂的黑色涂料,允许观察冲击靶板背面的颜色。

参考 Ireland 等[2]的做法,涂层的总厚度是用表面粗糙度测试仪测量的,在 40~50 μm 的范围内,因此液晶对温度变化时间响应(约 20 ms)可以忽略不计。请注意,对于冲击冷却实验,冲击靶板被替换为透明板,并且涂层以相反顺序被涂覆。如图 1-8[11]所示,通过用安装在 45°角的反射镜来监测侧壁上液晶的信号。为了避免阴影和反射,在实验台两侧安装了一对白色荧光灯(色温为

6 000 K),实现了整个实验台均匀和明亮的照明。每次实验执行后,都用酒精清洁测试模型表面,以获得高质量的测试数据。

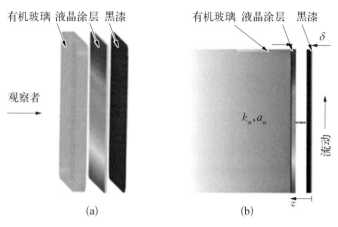

图 1-7　液晶涂层喷涂顺序[11]

(a) 热色液晶应用涂层顺序的图解;(b) 考虑半无限壁的层厚度

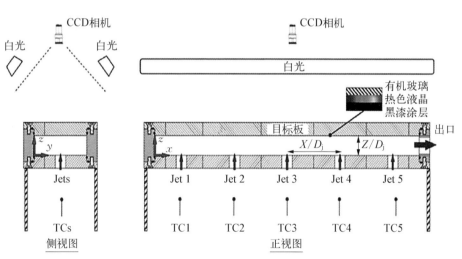

图 1-8　冲击冷却实验中的液晶布置[11]

注:图中 Jet 表示射流孔;TC 为热电偶测点。

1.2.3　液晶测温的特点及优势

液晶测温技术是一种非接触式温度测量方法,实现对物体表面温度场的精确测量和可视化,其最突出的优点在于能够精确地对全表面温度场进行定量测量,并且能够适应复杂形状表面的温度测量,具有高空间分辨率和对流动的最小侵入性。与热电偶或其他侵入性装置不同,液晶测温不会产生局部干扰误差;与红外热像仪不同的是,液晶测温不需要如锗玻璃、CaF₂玻璃等特殊昂贵的材料作为红外光学窗口,就可以研究通道内部流动的表面温度和传热分布特征,液晶测温应用只需由普通石英玻璃、丙烯酸、或聚碳酸酯(PMMA,压克力板)制成的透明窗口就可以提供足够的光学通路,在保证良好测量效果的同时,具有非常低廉的成本。

表1-1对比了常用的温度获取方法的优劣,其中热色液晶热成像和红外热像均能定量测量温度的二维分布,显示温度变化过程。与红外热像相比,热色液晶热成像的优点在于其价格低廉,方便运输和携带。

表1-1 常用温度测量方法比较

对　象	温度敏感参数	连接方式	说　　明
热电阻	金属导体的电阻变化	直接接触	点温度,价格低廉,精度不高
热电偶	热电效应的电流变化	直接接触	点温度,价格低廉,精度高
红外热像	传感器的电压变化	光学聚焦非接触	定量的二维温度分布,价格昂贵,空间分辨率较高,温度分辨率较高,受背景环境辐射干扰较大
热色液晶	反射光的波长变化	极薄涂层准非接触	定量的二维温度分布,价格低廉,空间分辨率高,温度分辨率高

参考文献

[1] Rao Y, Xu Y. Liquid crystal thermography measurement uncertainty analysis and its application to turbulent heat transfer measurements[J]. Advances in Condensed Matter Physics, 2012, 2012: 898104.

[2] Ireland P T, Jones T V. Liquid crystal measurements of heat transfer and surface shear stress[J]. Measurement Science and Technology, 2000, 11(7): 969 - 986.

[3] Hippensteele S, Poinsatte P. Transient liquid-crystal technique used to produce high-resolution convective heat-transfer-coefficient maps[J]. ASME Visualization of Heat Transfer Processes, 1993, HTD - 252: 13 - 21.

[4] Stasiek J. Thermochromic liquid crystals and true colour image processing in heat transfer and fluid-flow research[J]. Heat and Mass Transfer, 1997, 33(1): 27 - 39.

[5] Terzis A, Bontitsopoulos S, Ott P, et al. Improved accuracy in jet impingement heat transfer experiments considering the layer thicknesses of a triple thermochromic liquid

crystal coating[J]. Journal of Turbomachinery，2015，138(2)：021003.

[6] Rao Y，Wan C，Xu Y，et al. Spatially-resolved heat transfer characteristics in channels with pin fin and pin fin-dimple arrays[J]. International Journal of Thermal Sciences，2011，50(11)：2277 - 2289.

[7] 谢淑云,夏允贯.液晶热图像温度检测[J].物理,1985(2)：88 - 91.

[8] 刘铸晋.液晶的性质和应用[M].上海：上海科学技术文献出版社,1981.

[9] Gray G W，Mcdonnell D G. Synthesis and liquid crystal properties of chiral alkyl-cyano-biphenyls（and -p-terphenyls）and of some related chiral compounds derived from biphenyl[J]. Molecular Crystals and Liquid Crystals，1976，37(1)：189 - 211.

[10] Kim T，Lu T，Song S J. Application of thermo-fluidic measurement techniques：an introduction[M]. Oxford：Butterworth-Heinemann，2016.

[11] Schulz S，Brack S，Terzis A，et al. On the effects of coating thickness in transient heat transfer experiments using thermochromic liquid crystals[J]. Experimental Thermal and Fluid Science，2016，70：196 - 207.

第2章

色彩理论及图像处理技术

液晶热像技术的核心是处理带有色彩信息的矩阵。掌握色彩理论是开展测试工作的基础。此外,熟悉测试设备(相机)对色彩信息的获取及加工处理过程也是十分重要的,便于测试人员分析实验误差并更好地完成后处理工作。

2.1 颜色的视觉感知

过去已经提出各种模型来全面描述色彩的特点,但尚未发现一个全面的理论。因此,下面将简要介绍颜色及其视觉感知的相关方面内容。

本节首先描述三色彩视觉,之后介绍两种主要的色彩模型,用于观察和评估热致变色液晶的显示,最后将讨论这些色彩模型之间的问题。

2.1.1 三色彩视觉

在其他理论中,光可被视为来自连续频谱的干扰光波。可见光的波长范围为 380~780 nm。此范围内的每个单独频率称为光谱颜色。该频谱的可打印部分如图 2-1 所示,其中,蓝、绿、红色光谱波长分别如下:$\lambda_B \approx 475$ nm,$\lambda_G \approx 510$ nm,$\lambda_R \approx 650$ nm。 通过叠加多种光谱色彩,人脑中产生二级色彩的图像。基于此,当提到光的颜色时,必须区分它的物理表征和它对人类的视觉印象。

扫码获彩图

图 2-1　在 380~710 nm 波长范围内的可见光光谱

　　从物理的角度来看,光的颜色可以被认为是无限维矢量空间 C_∞,其中每个相应的光谱颜色的单个强度振幅 $a(\nu)$ 作为元素。

$$C_\infty = \begin{pmatrix} a(\nu_{min}) \\ \vdots \\ a(\nu_{max}) \end{pmatrix} \qquad (2-1)$$

　　从式(2-1)可以得出结论,当且仅当它们的光谱分布 C_∞ 对于相同的总体强度相同时,物理颜色是相同的。相反,地球上生物的眼睛不能检测光的光谱分布。通常,眼睛只包含几种类型的光敏传感器——视杆细胞和视锥细胞。它们在专用光谱色彩范围内灵敏度不同。视锥细胞主要用于区分明亮环境中的颜色,视杆细胞在暮色中更加敏感,并且有能力感知亮度。每个个体都能够在相对宽的光谱范围内整合光线的强度。最后,大脑处理来自光敏传感器的信息,进而产生视觉印象。

　　根据视锥细胞类型的数量,可以区分不同类型的眼睛:消色差、单色、二色光、三色光、四色光和五色光。例如,人类和其他类似的灵长类动物能识别三色光,具有一种类型的视杆细胞和三种类型的视锥细胞。目前研究认为,大多数哺乳动物只能识别二色光,即只有两种类型的视锥细胞。此外,相比于人类,大多数鸟类在紫外线光谱中附加一种视锥细胞,能够感受四种基本颜色。因此,对于不同的视锥细胞类型,同种物理颜色会有不同的视觉印象。下面将重点关注人类色彩视觉,图2-2[1]标示了四种类型人类感光细胞外突的平均吸光度光谱。

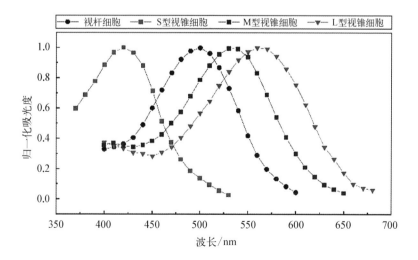

扫码获彩图

图 2-2　四种类型人类感光细胞外突的平均吸光度光谱

人类通过三种视锥细胞感知物体颜色。视锥细胞根据个体灵敏度范围内识别的波长范围,分别记作 L 锥(长波长,红色)、M 锥(平均波长,绿色)和 S 锥(短波长,蓝色)。尽管存在个体差异,但对于每种类型的典型平均吸收光谱 $D_L(\nu)$、$D_M(\nu)$、$D_S(\nu)$ 可参照图 2-2 给出。每个锥体累积一定比例的光,如下式所示。

$$a_L = \int_{\nu_{min}}^{\nu_{max}} D_L(\nu) a(\nu) d\nu \qquad (2-2)$$

$$a_M = \int_{\nu_{min}}^{\nu_{max}} D_M(\nu) a(\nu) d\nu \qquad (2-3)$$

$$a_S = \int_{\nu_{min}}^{\nu_{max}} D_S(\nu) a(\nu) d\nu \qquad (2-4)$$

式中:a_L、a_M、a_S 分别代表视锥细胞累计吸收长波长、平均波长和短波长的光量。

因此,由于同时刺激三种锥体,可以在三维欧几里得空间($\mathbf{C}_3$)中确定我们对颜色的视觉印象。

$$\mathbf{C}_3 = \begin{bmatrix} a_L \\ a_M \\ a_S \end{bmatrix} \qquad (2-5)$$

除了眼睛中光线的物理感觉之外,如前所述,大脑中的过程是人类色彩视觉的重要部分。神经科学家发现,根据视锥细胞和视杆细胞的数量,对颜色的印象基于三种信息:亮度、绿色与红色、蓝色与黄色。它们中的每种都是受体(视锥细胞和视杆细胞)与人脑中的神经元之间连接的神经计算结果。可以假设一个简化的模型:

首先,如图 2-2 所示,另外引入视杆细胞 a_R 在亮度方面的贡献。

$$a_R = \int_{\nu_{min}}^{\nu_{max}} D_R(\nu) a(\nu) d\nu \qquad (2-6)$$

考虑每种传感器类型的特征丰度,可以评估我们感知为亮度的总消色差信号 Λ。

$$\Lambda = 2a_L + a_M + \frac{a_S}{20} + a_R \qquad (2-7)$$

此外,可以求得三个色差信号。

$$\delta_1 = a_L - a_M \tag{2-8}$$

$$\delta_2 = a_M - a_S \tag{2-9}$$

$$\delta_3 = a_S - a_L \tag{2-10}$$

尽管如此,仅有两种颜色信号是必不可少的,因为它们中的每种都可以通过给出的两种颜色差异来评估。

$$\delta_1 + \delta_2 + \delta_3 = 0 \tag{2-11}$$

神经学家确定了以下两种适用于人类色觉的关系:

$$\delta_\alpha = \delta_1 = a_L - a_M \tag{2-12}$$

$$\delta_\beta = \delta_2 - \delta_3 = a_L + a_M - 2a_S \tag{2-13}$$

因此,通过结合 Λ、δ_α 和 δ_β 提供 Lab 颜色模式的三维基础。这种颜色模型最适合表示人类色彩视觉。

综上所述,我们观察到的物理颜色从无限维希尔伯特空间(C_∞)不可逆地映射到三维欧几里得空间(C_3)。因此,人类可以通过相同的视觉颜色印象感知不同的物理颜色。这种维度的减少也解释了为什么通常颜色印象充分地由三分量颜色模型表示。RGB 模型即是一种常用的三分量颜色模型。

2.1.2　RGB 色彩模型

考虑到人眼的视觉影响,RGB 模型是最基本的颜色模型。它基于英国科学家托马斯·杨(Thomas Young)和德国科学家亥姆霍兹(Helmholtz)在 19 世纪上半叶提出的杨-亥姆霍兹三色视觉理论。英国科学家麦克斯韦(Maxwell)详细阐述了这一理论,并于 1860 年发表了著名的颜色三角形,证明了通过在三线性坐标系中组合三原色——红(R)、绿(G)和蓝(B)可以匹配任意颜色。1931年,国际照明委员会(Commission Internationale de l'Eclairage, CIE)试图建立一个测量颜色的世界标准。为此,他们通过选择特定的红色、绿色和蓝色来产生所有其他颜色,以得到麦克斯韦三角形的修改版本。结果如图 2-3 所示,称为CIE 色度图。单色的颜色位于周边,而颜色饱和度朝向图的中心减小,使得白光位于中心。CIE 色度图的更新版本用于测量和量化今天的光线颜色。图 2-3所示为三色视觉理论的著名模型[1]。

扫码获彩图

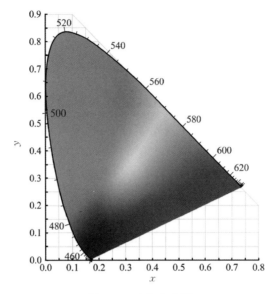

图 2-3　CIE 色度图

注：坐标轴上的 x 代表与红色相关的相对量值；y 代表与绿色相
关的相对量值；图中曲线上的数字 460~620 代表波长，单位为 nm。

　　由于 RGB 色彩模型的方法与人类色彩感知的功能非常相似，因此它对于感知和再现色彩的技术应用程序特别重要。例如，数码相机中的典型传感器通过过滤入射光以检测红、绿和蓝三原色来模拟人类色彩感知。在这方面，RGB 传感器技术可以分为三类，如图 2-4[1] 所示。

　　如图 2-4(b) 所示，Bayer 滤波器给出了单芯片 RGB 传感器的常见滤波器布置。用于将红色、绿色和蓝色光谱的相同大小的像素滤波器以均匀分布的方格的方式布置在光敏传感器片的表面上，以获取可供人眼识别的视觉印象。因为 Bayer 滤波器模拟了人眼在绿色光谱中增加的灵敏度，所以绿色滤光片在红外或蓝光谱上的传感器面积是其他的 2 倍。因此，实现了与色度分辨率相比更高的亮度分辨率。为了重建整个图像的完整 RGB 信息，通过内插来自相邻像素的单独颜色信息来获得缺失的颜色分量。这个恢复过程通常被称为 CFA 插值或去马赛克。

　　由于使用 Bayer 滤波器的单芯片相机 RGB 信息的空间不连续，更先进的技术被开发了出来。这种技术首先将入射光分成 RGB 子频谱，然后由各个传感器检测它们。例如，使用三向色棱镜的三片式 RGB 相机[见图 2-4(c)]，会在单个芯片上布置多层滤波器，芯片中的传感器前放置微透镜。

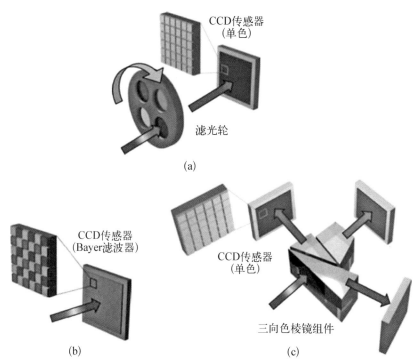

图 2‑4 RGB 传感器技术

（a）时间均分；（b）空间均分；（c）光学均分

值得注意的是，RGB 颜色模型代表了市场上几乎所有类型数码相机的原色模型，因此最适合从数码相机接收原始数据。

2.1.3 HSL 色彩模型

尽管 RGB 色彩模型与其传感器技术非常类似于人眼视网膜中光线的感知方式，但它并不反映出人眼对颜色的直观处理。因此，首先这个问题的解决方案是由艺术家提出的，因为他们试图通过将色彩分成更直观的组成部分来捕捉色彩的本质：色调、饱和度和亮度。

色调值（H_{ue}）是描述颜色色度的主要属性。黑色、白色以及所有灰色的色调都没有色调值，因为它们是无色的。色调值可以被认为是映射到线性标度上的物理色谱的主要频率。

饱和度值（saturation，S）描述颜色的纯度。该属性与引发全局颜色图像的不同波长的数量相关。通常，随着波长范围的增加，纯度降低，可以通过饱和度值来区分强烈的色彩和柔和的色彩。

亮度值(lightness，L)描述了光的强度，并且与光的能量直接相关。

德国画家 P. O. 朗格(P. O. Runge)在 1810 年提出了一个早期的但非常清晰的由这三个组成部分组成的色彩系统。沿着赤道呈现纯色，而三原色红色、黄色和蓝色在圆周上以相等的距离定位——它们之间出现混合的颜色。因此，Runge 球体中的赤道表示中等亮度下完全饱和的色调变化。朝向球体的两极，相应颜色的亮度增加或减少，使纯白色和黑色位于两极。球体切片显示饱和度不同的周围颜色的阴影。

在计算机时代的早期，色彩简单易懂的描述变得越来越重要。受此需求的驱动，美国计算机图形学先驱 A. R. 史密斯(A. R. Smith)于 1978 年提出了两种颜色模型(HSV 和 HSL)。它们都与龙格色球的想法相似。除了通过使用球体来显现 HSL 色彩空间之外，通常将其类似于双锥体来描述，如图 2-5[1] 所示。

扫码获彩图

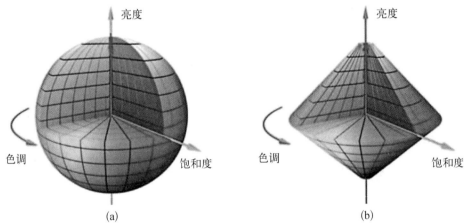

图 2-5 HSL 色彩模型可视化

(a) 球体；(b) 双锥体

目前，许多与色调有关的色彩模型得到广泛应用。虽然所有的目标都是直观的颜色表示，但它们必须被精确解释。尽管颜色分量(例如 H、S、V、L…①)似乎可以在相似的颜色模型之间转换，但通常它们定义完全不同。在这种情况下，

---

① H 表示色相(hue)，S 表示饱和度(saturation)，V 表示明度(value)，L 表示亮度(lightness)。

区分史密斯最初提出的 HSL 颜色模型和当前使用的 HSL 颜色模型变化也很重要。

RGB 模型和 HSL 模型可以相互转换。

2.1.4　RGB 和 HSL 的转换

数字彩色摄像机的传感器通常检测原始 RGB 信号。因此,为了从其他颜色模型的特性和优点中受益,通常需要将这些信号从 RGB 颜色空间转换到另一颜色空间,反之亦然。下面首先给出从 RGB 颜色模型到 HSL 颜色模型的颜色转换技术。随后,讨论可能在此类转换中出现的一些常见问题。

1) RGB 转换至 HSL

HSL 值可以通过非线性变换从 RGB 值进行评估。由于 RGB 颜色信号广泛使用的数据格式为每个颜色通道保留 8 位,因此为以下评估定义一个无符号的 8 位二进制数。对于三个输入分量(R, G, B)和三个输出分量(H, S, L)中的每一个,可行的输入范围为 0~255。基于色圆的模型,可以评估色调值 H_{ue}。

$$H_{ue} = \frac{256}{2\pi}\arctan\left(\frac{\sqrt{3}(G-B)}{2R-G-B}\right) \qquad (2-14)$$

饱和度 S 可以由三个颜色通道 R、G 和 B 中最弱的通道来确定。

$$S = \frac{255[1-3\min(R, G, B)]}{R+G+B} \qquad (2-15)$$

整体亮度 L 由各个颜色通道强度的加权和计算得出。

$$L = 0.299R + 0.587G + 0.114B \qquad (2-16)$$

由于色调值通常是评价热色液晶实验的重要性质,因此需要使其不确定性降为最低。通常,RGB 色制相机被广泛用于液晶实验,而颜色信息存储在 24 位值中,每个红色、绿色和蓝色通道保留 8 位。基于色调的分析,这些值从 RGB 色彩空间转移到 HSL 色彩空间。在这方面,考虑到上面给出的 RGB 到 HSL 的转换方法,需要克服颜色模型转换中的问题。

2) 转换问题

转换问题可能是由整数强度的限制造成的。显然地,颜色通道值的数字存储对于式(2-9)和式(2-10)中的差或和来说占主导地位。例如,因为弱信号在红色、绿色和蓝色通道中的值较低,所以对于这些信号,各种可能的色调值显著降低。简而言之,这些信号非常接近黑色和白色极点所给出的 HSL 模型的奇点,如图 2-5 所示。图 2-6(a)显示了整个 24 位 RGB 色彩空间的分析结果。有效且可获得的色调值相对于最大可存储的 8 位色调值的百分比称为色调密度。为了评估用于色调值的数字 RGB 视频,存在亮度和饱和度的最佳域。在这个阈值之外,色调密度可以下降到 30% 以下。换句话说,对于这样的照明条件,色调值的分辨率不超过色环中的 5°。因此,通常应该避免低亮度。至于中等亮度,需要配合适度的饱和度。至于高亮度,只有窄范围的低饱和度值,才是可以被接受的。

扫码获彩图

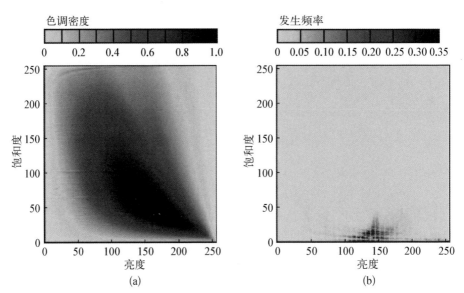

图 2-6 理想的颜色范围与热色液晶的典型颜色分布范围
(a) 最佳的亮度和饱和度分布;(b) 热色液晶颜色分布的发生频率

  在观测热色液晶时,由于这种效应导致的色调测定的不确定性强烈依赖于不同热色液晶颜色的饱和度。图 2-6[2] 为 HSL 向 RGB 颜色转换(24 位)的色调值的衰退。根据图 2-6(a),尽管热色液晶指示的亮度最佳范围为 100~200,但饱和度也必须满足所示要求。值得注意的是,常见的光源对热色液晶反射光的饱和度只有很小的影响。因此,如图 2-6(b)所示,热色液晶指标的典型分布很难将热色液晶的饱和度值转换为最佳范围。

  在不同颜色空间之间转换颜色时,需要确定转换本身带来的具体不确定性。转换过程显著影响了由 24 位 RGB 颜色值确定的色调值的准确性,在一定范围内可以通过充足的照明降低不确定性。

2.2　图像采集与处理技术

图像的采集和处理是实验数据分析的基础。图像采集的关键在于设备的选型和参数设置。图像处理通常包括信号预处理、插值、滤波等。神经网络算法作为近年来流行的数据处理手段,2.3 节会详细描述其在液晶数据滤波中的应用。这些处理技术对于去除无效信息、提升数据的可用性至关重要。

2.2.1　彩色图像采集

彩色图像采集主要利用图像传感器完成,本节将对图像传感器和相机的设置进行介绍。

2.2.1.1　图像传感器

彩色图像的采集和数字化是液晶热像技术的基石,利用图像传感器获取准确、真实、完整的图像信号至关重要。当摄像机捕获图像时,光线穿过镜头落在图像传感器上,而图像传感器由大量的图片元素(像素)集成,这些像素将接收到的光转换为相应数量的电子。光线越强,产生的电子越多,移动的电子形成电压,然后通过模数转换器(ADC)转换为数字。数字信号由相机内部的电路处理。当前,有两种主要技术可用于照相机中的图像传感器,即电荷耦合器件(charge-coupled device,CCD)和互补金属氧化物半导体(complementary metal-oxide semiconductor,CMOS),如图 2 - 7 所示。

扫码获彩图

图 2 - 7　图像传感器 CCD(左)和 CMOS(右)

CCD 与 CMOS 图像传感器光电转换的原理相同,区别在于电信号的传递方式不同。在 CCD 传感器中,像素单元没有独立的输出端,每一行中每一个像素的电荷信号都会依序转移到下一个像素中,在芯片边缘集中再依次通过一个节点,或仅在几个节点输出。电荷被转换为电压电平,被缓冲并作为模拟信号发送出去,然后使用 ADC 将该信号放大并转换为数字输出,如图 2-8 所示。而在 CMOS 传感器中,每一个像素都会连接一个放大器和 ADC,电荷信号不再需要在像素之间传递,而是单独完成电荷到电压的转换,直接以类似内存电路的方式输出,如图 2-9 所示。

扫码获彩图

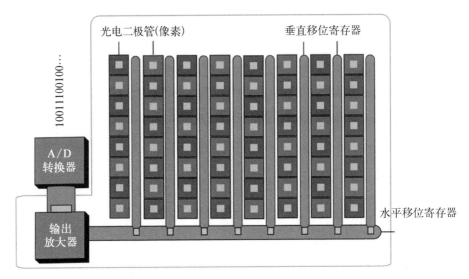

图 2-8　CCD 原理示意图

扫码获彩图

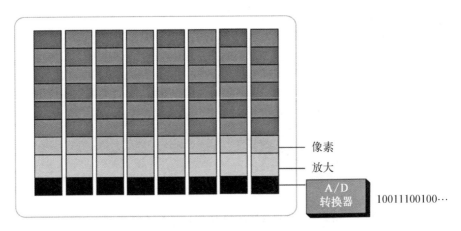

图 2-9　CMOS 原理示意图

基于两者原理上的不同,下面将 CCD 和 CMOS 传感器进行比较。

(1) 信号均匀性: CCD 传感器的像素点统一放大输出,均匀性和噪声的一致性良好,而 CMOS 每个像素的放大器彼此独立,难以保证输出均匀性。

(2)灵敏度:CMOS 的像素集成了放大器、降噪电路、数字电路等元件,占据了部分光电二极管的面积,因此早期的 CMOS 传感器开口率(即像素中光电二极管的面积占比)低于 CCD,灵敏度和信噪比不如 CCD 传感器。

(3)功耗:由于两者的放大策略不同,CCD 传感器是所有像素统一放大,而 CMOS 是每个像素单独放大,CCD 的电荷由像素向输出端的转移过程需要高驱动电压,功耗远大于 CMOS 传感器。

(4)成本:由于 CMOS 传感器制作工艺与随机存取存储器类似,且很容易将周边电路整合到传感器芯片中,可以节省外围芯片成本;而 CCD 传感器由于其电荷转移过程,任何一个像素的损坏都会影响到一整列的像素,产生垂直条纹效应甚至会导致单列图像信息缺失,难以保证良品率,成本较高。

(5)传输速度:CMOS 每一列像素都连接单独的 ADC,像素信号的输出可以多路并行,传输速度远高于 CCD 传感器。

CCD 传感器相比于早期的 CMOS 传感器在图像质量上有明显优势。但是,随着 CMOS 相关技术的迅速发展,如背照式 CMOS、堆栈式 CMOS 的出现解决了开口率低的问题,ADC 内置加强了前端读出噪声的控制等,在彩色数字成像领域,CMOS 传感器已逐步取代 CCD 传感器。

2.2.1.2　相机参数设置

本节将介绍常用的、合理的彩色相机参数设置,以获得高质量的液晶热像成像质量。

1)位深

图像传感器会产生与照射到其上的光量成比例的模拟电压信号,然后进行图像数字化以便后续处理,如将模拟信号转换为数字数值。数字化处理采用的比特数(即位深)为颜色梯度等级为 2 的比特数次幂,如梯度等级为 16 级的比特数为 4,图像数字化后,会彻底丢失原始梯度的中间亮度值。如图 2-10 所示,在梯度等级达到 200 或更多时,人眼已无法辨别亮度变化,这也是目前显示器和数字相机使用每个颜色通道为 8 比特(256 级)的原因。

如果需要进一步用图像处理数字图像数据,则可能需要大于 8 的位深。计算机能够区分这些非常细微的亮度变化(人眼已无法辨别)并对其进行处理。这是工业相机一般使用 12 比特(4 096 级)的原因。更大的位深需要用极低噪声的图像传感器,因为一旦噪声引起的亮度差异覆盖数字化梯度等级,相机就无法再获得有效数据。

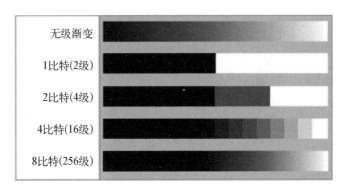

图 2 - 10　不同位深下的颜色梯度

在拍摄液晶图像时,如果相机的分辨率和传输带宽足以支持,则优先采用较高的位深。因为图像中部分像素点的亮度值可能仅在很小的区间变化,此时低位深下亮度值的变化单位 1 将不足以准确捕捉其变化,从而丢失图像信号的部分细节。通常情况下,8 位深足以满足液晶图像数据处理的要求。

2) 成像特性

在感知或拍摄一个场景时,成像特性的形式对亮度变化的显示至关重要。图像处理(如边缘侦测和字符识别应用)一般要用到线性特性,如增益。另外,人眼对亮度变化的感知具有对数型特性,类似于伽马特性。下面对传感器的成像特性及相机基本参数进行简要介绍。

(1) 增益:增益是一种常见的线性特性,在数字成像中,传感器输出与入射光量成比例的电压,为增强图像亮度和对比度,可在数字化处理前通过模拟增益和偏置放大信号。模拟信号处理的结果通常优于数字后处理。对读出的像素值进行模拟放大可增强整个图像的亮度和对比度。根据传感器类型,设置所有像素的全局增益值(主增益)或每种颜色的单独增益值(RGB 增益)。具体方式表现为图像的 R、G、B 值分别乘以一个大于 1 的系数。需要注意的是,由于 HSV 的定义取决于 R、G、B 三者强度的比值,当 R、G、B 的增益不同时,由 RGB 空间映射到 HSV 空间时就会区别于原始定义的比值;此外,过高的增益可能会使某个颜色通道的亮度值超过当前位深下的亮度值极限（如 8 比特位深下的 255），超出值会被重新定义为亮度的极大值，从而永久损失这一部分图像数据，这是必须避免的。如图 2-11 所示，在亮度值最大的峰值附近，一部分数据被限制为 255。

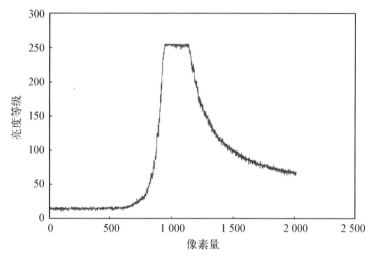

图 2-11　削峰现象示意图

对于液晶实验，增益并不会提升颜色空间的精度，且可能带来失去峰值数据的隐患，因此通常关闭增益（即保持增益系数为 1）。

（2）伽马特性：伽马系数是以希腊符号 γ 命名的。伽马曲线是 $y = x^{\frac{1}{\gamma}}$，伽马系数通常在 1～2.2 之间变化。当伽马系数为 1 时，即为线性特性；当伽马系数大于 1 时，图像的明亮区域缩小，且亮度变化会缩小，而暗色区域增大，变化增加。这是为有益人眼感知而做出的非线性变换，但改变了图像原本的亮度对比，如图 2-12 所示。

由图 2-12 可以看出，光学传感器所记录的真实亮度对比与人眼有一定区别，经过伽马变换，图像的观感显著提升。但是，这对于液晶实验本身是没有意义的，甚至部分情况下会影响实验的结果。由于伽马函数是单调的，因此伽马变换不会改变亮度值之间的相对大小关系，采用峰值法进行传热系数计算时，定位的峰值点不会发生变化，采用色调值法时，则需要保持标定实验与实际实验中相机伽马系数设置相同。

拍摄液晶图像时，建议关闭伽马特性，即伽马系数取 1。

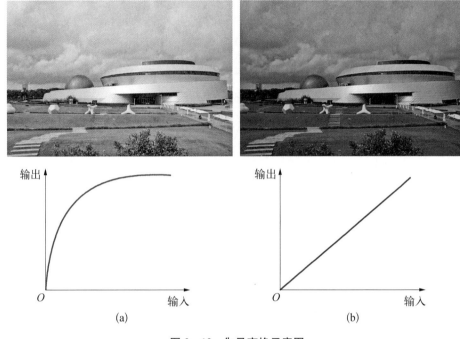

图 2-12 伽马变换示意图

(a) 伽马特性;(b) 线性特性

（3）帧率：帧率的设定范围视当前选择的像素时钟而定,可在不更改像素时钟的情况下降低帧率。如果设置更高的帧率,则需要增加像素时钟。帧率的概念主要在瞬态液晶实验中应用,帧率的提高可以更及时地更新图像数据,从而提高实验精度,同时会增加数据量,因此这对相机和照明条件提出了更高的要求,帧率也必须与温度采集系统的采集频率严格相同。

（4）曝光时间：最长曝光时间取决于当前所选的帧率,且预设为帧率的倒数。可在不更改帧率的情况下降低曝光时间。如果设置更高的曝光时间,则需要减少帧率。当照明条件受限,拍摄照明不足时,优先考虑增加曝光时间,而非直接提高增益。

（5）偏置：每个数字图像传感器都有与活动图像区域相邻的不感光元件。这些暗像素用于测量从图像信号中减去的基准电压（黑电平）。这抵消了传感器上的热电电压,否则热电电压将窜改信号。通常,传感器自动调节黑电平。如果环境非常明亮或曝光时间非常长,可能需要手动调节黑电平。调节黑电平（即黑电平补偿）具体表现为对所有颜色通道的亮度值统一增加一个固定值,因此在液晶拍摄过程中必须保证黑电平是恒定的。黑电平的设置应使得各颜色通道的测量区间处于一个合理的范围,既不会因为超过位深限制而损失数据,也不会集中在很低的亮度区域从而在 RGB 空间转换为 HSV 空间时引入极高的病态性,需要使用者根据当前实验的光照条件进行合理设置。

相机参数的设置对于获取准确的液晶图像数据极其关键,从实验严谨性的角度来说,不需要考虑图像的美观,保证数据的真实性和完整性才是首要的,在此基础上可以通过合理设置充分发挥相机设备的性能来获得更高质量的图像数据。

2.2.2 信号预处理

由于热色液晶相关的实验数据处理流程不会涉及不同像素点之间的耦合关系,信号预处理的对象主要是各像素点的时域信号。本节主要介绍瞬态液晶实验中对图像时域信号的预处理技术。由相机拍摄的热色液晶原始 RGB 亮度值历史包含大量噪声,诸如峰值等特征将无法被准确识别。因此,需要通过降噪滤波来减少图像时域信号中噪声的影响。

最简单的降噪方法是将时域信号沿时间轴分段平均,如选择一个尺寸恒定的窗口扫描时域信号进行局部平均。可以用分段多项式最小二乘拟合代替简单的平均算法来对该方法进行改进,即采用 Savitzky-Golay 滤波器。

另一种信号降噪的思路是将信号由时域转换到频域,将有用信号和噪声信号在频域进行分离。该方法的前提是信号频谱和噪声频谱没有重叠,但实际情况信号频谱和噪声频谱往往是重叠的。无论是高斯白噪声还是脉冲干扰,其频谱几乎都是分布在整个频域内。如果要噪声平滑效果好,往往会引起信号的模糊和轮廓不清;而要使信号的轮廓清晰,往往会导致噪声的平滑效果不好。因此,去噪处理是以牺牲清晰度为代价而换取的。小波分析方法是一种窗口大小(即窗口面积)固定但窗口的形状可变、时间窗和频率窗都可改变的时频局部化分析方法,以保证在低频部分具有较高的频率分辨率和较低的时间分辨率,即将基函数由傅里叶变换中无限长的三角函数换成了有限长的会衰减的小波函数,很适于探测正常信号中突变信号的成分。在实际的工程应用中,所分析的信号可能包含许多尖峰或突变部分,且噪声也不是平稳的白噪声。用传统的傅里叶变换分析对这种信号进行降噪处理,可能受吉布斯效应影响而难以取得良好的拟合效果。而利用小波变换,将原始时域信号分解后合理设置阈值将噪声滤波,再重构出的信号能在保持主要特征的基础上显著减少噪声的干扰。

如图 2-13 所示,原始绿色亮度值存在大量的噪声,如果直接进行峰值识别,必然受局部噪声严重干扰,而对其分别进行 Savitzky-Golay 滤波和小波变换滤波后,信号的局部噪声明显减少,曲线变得更加平滑,其中小波变换滤波的效果更理想。使用者可以根据数据的特点,选择合理的滤波方式和参数设置进行预处理,以增加实验结果的可靠性。目前,成熟的科学计算平台都有大量的信号处理函数供使用,如 MATLAB 软件中的小波分析工具箱提供了 dwt、wavedec 等函数,python 软件中也有 pywt 库可以方便使用。

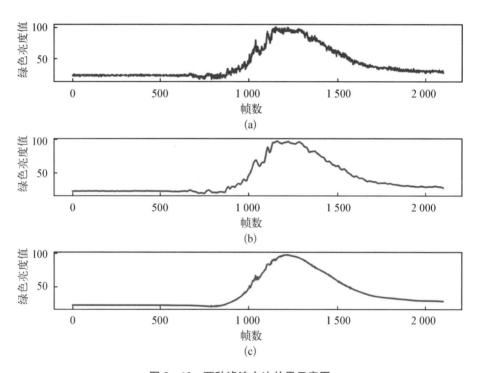

图 2-13　两种滤波方法效果示意图

(a) 原始信号;(b) Savizky-Golay 滤波后;(c) 小波变换滤波后

对于液晶图像在空间上进行预处理优化,这里给出一种色调法校准中的处理方法。

整个校准表面获取的图像包含定量的像素。尽管校准设备被设计成等温的形式,然而在校准表面上的照明角度和热色液晶涂层厚度的区别会对此产生些许影响。为了尽量减少这些影响,选择校准表面周边部分若干较小的局部像素部分进行处理。来自不同部分的平均色调的标准偏差要求在实验不确定性范围内。遵照 Baughn 等[3]的方法,每个部分的数据分别在每个 RGB 图像组件上使用 5×5 中值滤波器进行处理。该滤波器将每个像素中的 RGB 值替换为周围块的值的中位数。然后将得到的 RGB 图像转换为色调值,并在每个局部像素部分进行平均。色调值有多种定义,使用者可以自行选取算法,MATLAB 软件也自带色调计算。

相机直接获取的图像包含了白噪声等无用信息。通过在视频序列的所有图像和不包含任何液晶信息的参考图像之间的相消来去除主要受黑色涂料影响的基础信号。该步骤消除了所有不需要的区域,例如阴影或白噪声,只保留了有用的信息。

图 2-14[4]展示了 Terzis 等在 2015 年冲击传热实验中在加热开始之后的各个时间帧处应用了这种相消法的例子。

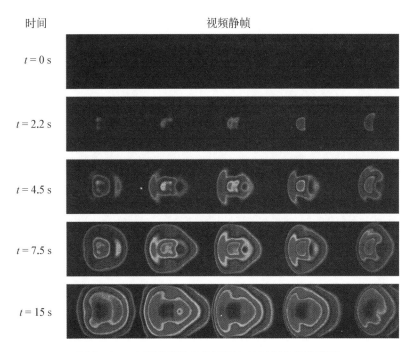

扫码获彩图

图 2-14　去除基础信号后不同加热时间的视频序列

经过预处理之后,可以进一步做滤波处理。仍以 Terzis 等在 2015 年冲击传热实验中的处理方式[4]为例。

该实验为瞬态实验,采用了三种液晶叠加使用的方式进行实验(该使用方法在 4.3 节中会介绍),选取的是峰值法校准。每个像素的绿色信号随时间的变化通过 Savitzky-Golay 数字滤波器进行滤波,该数字滤波器可以用于平滑目的而不会使信号严重失真。与其他移动平均滤波(moving average filter)技术相比,峰值的时间位置移动较少。根据 Savitzky-Golay 滤波的性质,随着平滑窗口宽度的增加,噪声逐渐减小,但是峰值高度也降低,因此必须根据峰值形状应用不同的平滑窗口。然而,并不能预先知道峰值的数量和位置,因此在滤波之前,必须先基于原始信号根据液晶的指示时间即峰值出现时间进行粗略分类,从而根据分类的结果来选定合适的滤波平滑窗口。

对于喷涂多种液晶的情况,其原始信号峰值难以明确区分,需要对模型进行适当简化。如果不同类型液晶的指示温度比较接近,可以假设峰值出现的时间点也较为接近,因此将归一化绿色通道强度的最大值出现位置作为参考点,以避免区分不同液晶的绿色通道强度峰值。如果最大值出现在 8 s 以内,峰值被认为是"窄"的,平滑窗口应设置得尽量小,以避免峰值被消除,而信号的其余部分在时间上完全被忽略,从而帮助峰值检测算法避免尖锐的波峰或非常短而窄的峰值。当最大值出现得较晚时,可以应用较大的平滑窗口,消除剩余的基本强度水平。

因为平滑系数围绕中心点对称平衡,所以应该将平滑系数设为奇数整数,这有助于保持时间轴上峰值的位置。

2.2.3 神经网络

神经网络近年来在各个领域开始被广泛应用。在过去的几十年里,为方便解决极其复杂的问题,计算机的硬件和软件的发展都非常迅速。现代软件产品变得更加复杂,但解决方案的理论并没有太大改变。常规计算机程序仍使用确定性算法,这意味着它们的进展和状态始终是可以预测的,解决方案可以被精确地重复,因此必须事先明确定义求解的算法。如果定义不明确,可能会导致严重故障,因为在算法中留下了意料之外的输入数据。当然,错误检测和纠正算法可以避免这样的问题,但是在算法中对信息的严格处理并不会改变结果的性质。如果计算机能够识别事先不被了解的信息的内部联系,它可能对人类有更大的帮助。在这方面,人工神经网络是非常有优势的。本书仅对神经网络的理论进行一定的概述,读者可自行学习相关理论。

正如人工神经网络的字面意思,它最初被提出是出于模拟人脑神经网络的想法。神经网络与人工神经网络两者都由大量设计相似的神经元组成。作为一个整体,神经元组成了整个神经网络,其特征在于从复杂或不精确的数据中获取意义的卓越能力。神经网络能够学习如何基于数据来完成任务,这些数据是出于训练或初始经验给出的。在这种适应性学习过程中,通过将神经元彼此连接的方式在网络中创建它们自己的组织和信息表示。人工神经网络的结构中,计算是并行执行的,正如自然界中那样。此外,神经网络通过冗余信息编码是可容错的。网络的局部损坏导致网络中受影响区域的性能相应地降低。但是,即使主要的网络损坏,仍可能保留某些网络功能。

由于神经网络的这一独特性质,人工神经网络提供了一种恰当的方法来预测感兴趣的新场景。人工神经网络适用于模式识别、输入数据的分类和趋势检测,擅长从一组训练数据中进行归纳。在这方面,人工神经网络在液晶的数据分析过程中是非常有用的。特别是,人工神经网络被用于构想瞬态传热实验中热色液晶的因果联系和特定特征。因此,可以清楚地对热色液晶指示信号和背景噪声进行分类。

2.2.3.1 人工神经元

人造神经网络和生物神经网络都由许多神经元组成。生物神经元是专门用于处理和传输细胞信号的。人工神经网络试图重现这些特征。在人脑中,神经元通过一系列称为树突的精细结构从其他部分收集信号。对于这些输入信号,神经元通过一个称为轴突的长而细的主结构发射出电活动的尖值,轴突分成数千个不同分支。在每个分支的末端,被称为突触的结构将来自轴突的活动转换为电激励。由此触发了进一步的电激励,这种电激励可以抑制或触发连接的神经元中的活动。简而言之,当一个神经元受到的激发信号相对大于抑制信号时,它会将电活动的尖值向下传递给与之直接连接的神经元。在这个生物过程中,学习这个特性是反映在改变突触的有效性上的,以此改变一个神经元对另一个神经元的影响。

为创建人工神经网络,首先需要推断出生物神经元的基本特征及其相互关系。通常使用计算机程序来模拟这些复杂的特征。第一个人造神经元是由美国神经生理学家沃伦·麦卡洛克(Warren McCulloch)和美国数学家沃尔特·皮茨(Walter Pits)于 1943 年创造的。遗憾的是,由于当时计算机技术还处于萌芽阶段,他们无法广泛应用它。今天,我们对生物神经元的知识仍然不够完善,当下的计算能力仍非常有限,不足以创造一个像人脑般的模拟程序。因此,简化实际网络结构和神经元的模型是非常必要的。

一个典型的人造神经元可以建模为具有多个输入和一个输出的设备。如图2-15所示,所有输入都有各自的权重。之后使用传递函数 ψ 将加权输入信号组合成净输入信号 χ_j(下标 j 代表组数)。在许多情况下,将加权输入信号累加非常适合作为一种传递函数。根据生物神经元的激活特性,净输入信号随后通过激活函数 Φ 转换为相应的输出信号。在人造神经网络领域有各种各样的激活函数。这里只给出一种简短的描述。

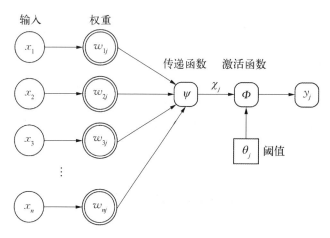

图 2-15 人工神经元的激活

通常激活函数是单调递增的,而同一组函数的斜率会有所不同。最简单的形式是一种严格极限函数。

$$\Phi(\chi)=\begin{cases}1, & \chi \geqslant 0 \\ 0, & \chi < 0\end{cases} \qquad (2-17)$$

以此为激活函数的人造神经元也称为麦卡洛克-皮茨神经元。它拥有严格的二进制表征,因此在电子逻辑电路中非常重要,但是它还不能直接用来训练。为考虑模拟信号,可以通过在低电平和高电平激活之间添加线性转换区间来创建分段线性函数。

$$\Phi(\chi)=\begin{cases}1, & \chi \geqslant 0.5 \\ x+0.5, & -0.5 < \chi < 0.5 \\ 0, & \chi \leqslant -0.5\end{cases} \qquad (2-18)$$

　　最常用的一组激活函数是 Sigmoid 函数。由于 Sigmoid 函数的连续可微性,它们与人工神经网络的训练算法有很大的关联。它们可以被简单描述为 S 形函数。最常见的 S 形函数曲线是由下式给出的逻辑函数,如图 2-16。

$$\Phi(\chi) = \frac{1}{1 + \exp(-\chi)} \tag{2-19}$$

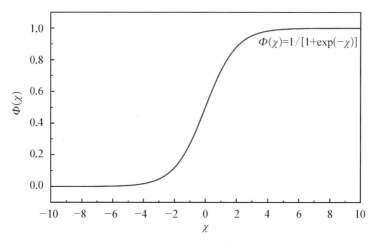

图 2-16　Sigmoid 函数图像

　　对 Sigmoid 函数做分段线性近似可以极大地提升人工神经网络的性能,而在精度上仅略有降低。

　　人工神经元有两种行为模式:训练模式和正常运行模式。在训练模式下,未得到一个给定的期望结果,预先规定了所有的输入信号。通过应用训练算法,净输入传递函数的加权系数被平衡了,以匹配所期望的输出激活。神经元对后续神经元的影响被训练成基于输入信号的特定模式。在正常运行模式中,输出信号根据通过神经元的给定输入信号集进行计算,在这一过程中加权系数是不变的。它与所有的输入模式相关,不仅是神经元在训练中接触到的那种模式。因此,对于已被训练过的输入信号模式,运行得到的输出信号与训练中的输出信号是一致的。对于更加实际的情况下,即面对之前未被训练过的输入信号模式,输出信号表现出的特征是基于那些被训练过的输入模式以及与之匹配的输出信号的。神经网络的这一特性体现了它对未知输入信号进行分类的高度灵活性。因此,应用神经网络来完成这项工作。

2.2.3.2　网络拓扑结构

如前所述,人工神经网络是通过人工神经元相互连接形成的。根据神经元的连接方式,人工神经网络可以分为两类:前馈神经网络和循环神经网络。在前馈网络中信息是从输入层向输出层单向传播的,而在循环网络中,经过后序处理的数据也会对前期数据产生影响。简单来说,在循环神经网络中可能会出现反馈周期和循环。图 2-17 给出了每种网络拓扑结构的简单例子。由于两种网络类别之间的数据流动在本质上有区别,因此它们的网络行为和训练特征也存在显著差异。一般而言,循环神经网络有更广泛的应用,但它们也可能出现混乱,因为它们表现出独特的动态时间行为。此外,对循环神经网络来说,训练算法更加耗时且复杂。虽然循环神经网络更有应用前景,但是处理液晶数据通常还是选择简单的前馈方法。前馈神经网络的主要特点将在下面简要介绍。

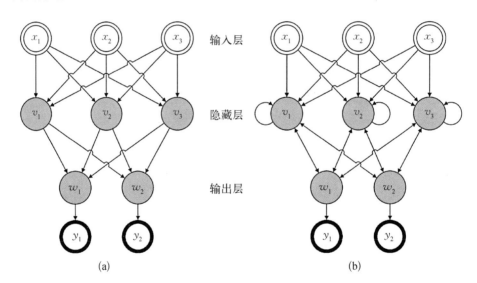

(a)　　　　　　　　　　　　(b)

图 2-17　人工神经网络拓扑结构(示例)

(a) 前馈神经网络;(b) 循环神经网络

人造神经网络被设计为分层结构。如图 2-17 所示,它由一个输入层、几个隐藏层和一个输出层组成。输入层和输出层表示与神经网络进行通信的接口,而原始数据则在隐藏层被转换为输入模式的内部形式。为实现这个过程,需要用如图 2-15 所示的被训练过的加权人造神经元处理来处理数据。

以 Rico 在处理液晶数据中的方式为例,在处理液晶数据时使用了一种特殊的前馈神经网络。网络是完全连接的，因此每个神经元都有可能对后续所有神经元产生影响。此外，它还实现了快捷连接，额外允许在非相邻层之间的直接数据流。

当创建神经网络时，必须预先定义适当的网络拓扑和每层相应数量的神经元。与网络拓扑相反，确定人造神经网络的最佳尺寸可能很困难。显然地，在学习能力方面，大型网络比小型网络要好。但另一方面，训练和运行大型网络可能会更加复杂和耗时。

1）训练算法

因为整个人工神经网络的认知都是建立在网络中的一系列神经元权重上的，所以网络在刚初始化时起到的作用相对较小。就像人脑那样，一生都要受到外界信息的磨练，人造神经网络必须首先学习如何处理特定的输入参数。之后，学习过程就是不断调整神经权重以使之匹配学习中遇到的数据。能够通过改变其神经权重来适应新问题的网络称为自适应神经网络。处理液晶数据时一般不使用固定神经网络。

自适应神经网络的所有学习方法可以分为两大类：监督学习和无监督学习。正如"监督学习"的字面含义，一个外加的传授者被纳入这一种学习方法。传授者清楚对于特定的输入信号所期望得到的输出信号是什么样的，因此在学习过程开始之前就可以确定神经网络的每个外部接口。通过改变神经元的权重，学习过程简化为期望值与神经网络的计算值之间的最优化问题。减少这两者差值的通常做法是使它们的最小均方差最小化。当均方差收敛到最小值时，可以认定系统成功学习了输入值和输出值之间的新关系。这个问题可以用许多不同的方法解决，比如标准最优化技术、专用的梯度下降算法或遗传算法。最常用的技术之一是反向传播算法。基于它在每次迭代中都需要调整权重且运算速度较慢等缺点，人们提出了 RPROP 和 quickprop 等增强算法。

Cascade 算法是一种非常有趣的训练算法。与其他方法不同的是，开始时采用一个空的神经网络，然后在训练中自适应地将神经元逐个添加到隐藏层。没有必要一开始就详细定义神经网络的拓扑结构，因为只有在需要解决更复杂的问题时，神经网络才会增大。随着网络结构根据需求的增长，学习过程更快、更高效。这种算法也有它的二代改进版本。Cascade 算法目前在液晶数据处理中被广泛应用。

与监督学习相比,无监督学习仅基于局部信息,因此不需要外部传授者。这种学习方法可以使数据在网络中被自组织和自动分类。虽然这是非监督学习方法的显著能力,但这种网络自身并不能给找到的数据类赋予意义。因此,在液晶数据处理中不考虑无监督学习方法。

训练人工神经网络时的另一个重要问题是避免过度拟合。这意味着当一组数据被训练得太多时,尽管神经网络能够精确地重复这些特定的数据集,但它将失去归纳新数据集的能力。在某种程度上,这类似于死记硬背却不理解其含义。从内部角度来看,过度拟合通常发生在神经网络相比训练数据量过于复杂的情况下。在这种情况下,自由度太多,显然会有大量可修改的权重,导致被完美训练的数据集之间产生不确定的振荡。这种影响类似于使用高阶多项式拟合非常少量的数据。为了最终避免过度拟合神经网络,用未知数据集进行网络测试通常是一个好办法,以便查看在没有过度拟合的情况下到底需要多少训练量才能正常运行。这个测试既可以手动完成,也可以应用自动测试,只要进一步的训练不会影响学习算法的残差,它就会停止。

2) 运行操作

与设计和传授训练人工神经网络的过程相比,其前馈运行过程相当简单。首先,一组输入数据被传送到输入层。其次,通过穿过隐藏层的加权神经元来处理这些信息。最后,结果由输出层的一组输出数据给出。假设网络已被充分训练,所获得的输出数据代表了训练数据范围内的一种准智能映射。

根据人工神经网络训练和运行的方式,可以将其区分为两种模式:人工学习过程和运行过程同时运行,人工神经网络是在线学习的;当两个操作交替进行时,人工神经网络是离线学习的。通常,监督学习是离线运行的,而无监督学习是在线运行的。

人工神经网络能够非常好地解决热色液晶研究领域的复杂任务。之前讨论的大部分函数和算法参考了 Rico Poser 的液晶处理方式,它们都是在开源的 FANN2 库中实现的,在实际应用中可以编写接口程序将常用的 LABVIEW 采集器与 FANN2 库连接。

图 2 - 18 给出了 Rico Poser 等 2007 年的瞬态液晶带肋转折通道实验的处理结果对比。神经网络算法使用的正是前面提到的 Cascade 2 代训练算法进行训练的,它动态增加了网络规模或模型的明显部分。

原始数据　　　　　　　　　　　严格过滤
　　　　　　　　　　　（如：最小强度，峰值关系）　　　　　　　神经网络
　　　　　　　　　　　　　　　　　　　　　　　　　　　　　　（训练后）

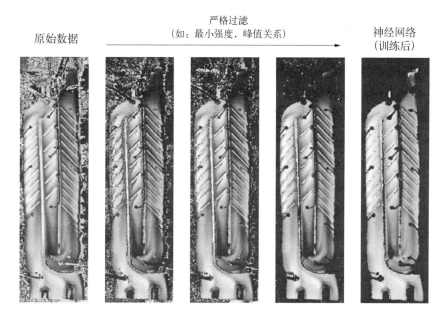

图 2‑18　基于神经网络滤波后与原始热像、严格过滤后的热像灰度图比较

神经网络在液晶数据的处理中与常规手段相比是有优势的。相信通过该技术的不断发展，未来它能在流动传热领域得到更广泛的应用。

参考文献

［1］ Poser R. Transient heat transfer experiments in complex geometries using liquid crystal thermography［D］. Stuttgart：Institute of Aerospace Thermodynamics Universität Stuttgart，2010.

［2］ Poser R，Von Wolfersdorf J，Lutum E. Advanced evaluation of transient heat transfer experiments using thermochromic liquid crystals［J］. Proceedings of the Institution of Mechanical Engineers. Part A：Journal of Power and Energy，2007，221(6)：793 - 801.

［3］ Baughn J W，Anderson M R，Mayhew J E，et al. Hysteresis of thermochromic liquid crystal temperature measurement based on hue［J］. Journal of Heat Transfer，1999，121 (4)：1067 - 1072.

［4］ Terzis A，Bontitsopoulos S，Ott P，et al. Improved accuracy in jet impingement heat transfer experiments considering the layer thicknesses of a triple thermochromic liquid crystal coating［J］. Journal of Turbomachinery，2015，138(2)：1 - 10.

第 3 章

热色液晶的校准

　　热色液晶的校准(或称标定)是整个测温过程中最为关键的部分,其目的是获取液晶色调-温度之间的关系,任何热色液晶的定量应用都需要精确校准。通常通过强度值或色调值来量化热色液晶信号。基于强度值的方法通常将峰值强度与单个温度校准点相匹配;基于色调值的方法(其根据 RGB 三色激励信号来定义)具有色调-温度关系是单调关系的优点,并且容易获得 RGB 到色调转换的硬件和软件。

　　如表 3-1[1]所示,Azar 等给出了一种典型的热色液晶在显色区间温度与颜色参数的映射关系。在某一确定的温度下,可以确定红色、绿色、蓝色的亮度值,进而根据公式计算出色调值、饱和度和强度。

表 3-1　温度与颜色参数的关系

温度/℃	红色亮度值	绿色亮度值	蓝色亮度值	色调值	饱和度	强　度
39.9	107.881	115.662	93.130	81.927 25	30.022 03	105.557 7
40.2	97.013	194.411	73.189	137.707 80	101.441 10	121.537 7
40.3	82.043	195.849	82.042	138.726 40	80.628 78	119.976 7
40.4	77.524	183.403	103.029	129.910 50	92.052 12	121.318 7
40.5	76.838	167.748	126.139	118.821 50	96.442 93	123.575 0
40.6	77.547	152.984	149.791	108.363 70	99.017 82	126.774 0
40.7	78.146	143.139	161.472	101.390 10	98.812 94	127.585 0
40.8	79.067	132.841	175.107	94.095 71	98.710 83	129.005 0
40.9	80.288	119.712	188.993	84.796 00	97.104 31	129.664 0

Mazada 等[2]对 RGB/HSI 颜色空间进行了研究，如图 3-1 所示。作者提到了多值函数的问题，如 $H = 20$ 时温度可能是 19～20 ℃，也有可能是 22～23 ℃。为了避免多值函数给确定温度带来的问题，发现同时考虑 RGB 三通道即颜色空间中的三维坐标与温度存在一一映射关系，该映射关系表现为颜色空间中的一条三维曲线，可以基于采集点进行三维插值来补全，如图 3-2 所示。

扫码获彩图

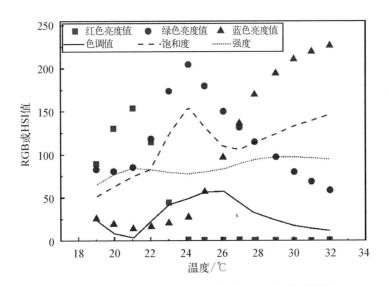

图 3-1　一种典型的 RGB 和 HSI 颜色空间之间的映射关系

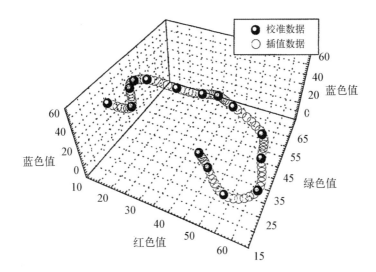

图 3-2　RGB 颜色空间中的三维标定曲线

以下再分节补充介绍色调值和强度值的两种校准方法。

3.1　色调法校准

在色调法校准中,液晶的色调值是作为温度的函数进行测量的。通常来说,从热色液晶感知的颜色变化记录在 RGB(红、绿和蓝)颜色模型中,并转换成 HSL(色相、饱和度和亮度)颜色模型。

笔者曾使用图 3-3 所示的液晶热像校准装置。液晶热像系统通常包括一台 3CCD 彩色摄像机及镜头、冷光源、图像采集系统、数据采集系统、测量台架以及相关的数据处理软件。液晶校准装置包括一件保温壳体、一件带有薄膜加热器的铜板、2 只 K 型微热电偶。通过调节薄膜加热器上的电压,可快速、精确控制铜板表面的温度。该铜板表面喷涂有黑色的底漆以及一薄层(厚度为 $10\sim40~\mu m$)液晶涂层。该液晶工作温度范围为 $40\sim60~\text{℃}$(牌号为 SPN100R40C20W),由美国 Hallcrest 公司提供。液晶涂层在不同的温度下表现出不同的颜色,并被 3CCD 彩色摄像机记录下来。液晶图像通过自研的数据分析程序处理,得到液晶图像色调值(H_{ue})与温度的对应关系。

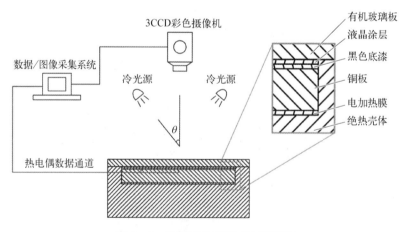

图 3-3　液晶热像系统及校准装置

普通 CCD 摄像机拍摄的可见光图像的颜色采用 RGB 三原色坐标系,不适合对热色液晶颜色做定量分析。热色液晶分子间距的改变会导致不同温度下反射光波长的变化,进而反映出颜色的不同,呈现出从红色到蓝色的变化过程,而与该变化过程相对应的特征量是其颜色的色调值,与强度和饱和度两个参数无关。因此,可引进 HSL(HIS/HSV)坐标系,表述热色液晶图像的颜色变化,图像中单个像素点的 R(red)、G(green)、B(blue)信息转化成像素点的色调信息,其变换数学表达式如下。

如果 $R = R_{max}$,则

$$H_{ue} = \frac{G - B}{6[R - \min(R, G, B)]} \tag{3-1}$$

如果 $G = G_{max}$,则

$$H_{ue} = \frac{2 + B - R}{6[G - \min(R, G, B)]} \tag{3-2}$$

如果 $B = B_{max}$,则

$$H_{ue} = \frac{4 + R - G}{6[B - \min(R, G, B)]} \tag{3-3}$$

式中：R_{max}、G_{max}、B_{max} 分别为 R、G、B 中的最大值。最终可以得到液晶的温度-色调的对应关系,用于后续实验。

有多种公式计算色调值,根据不同算法得到的结果仅略有区别,这里采用的只是其中的一种。

需要注意的是,即使在均匀的温度状态下,窄带液晶的色调值在表面上也会发生非均匀的分布特征。图 3-4 展示了色调值的空间非均匀分布。在标定过程中,这种非均匀分布在温度数值和分布方面会显著地影响液晶的显色温度范围。这种非均匀的分布可以通过垂直照明或者最小照明角度的方式来减小影响,但是不能将其彻底地消除。此外,还可以通过限制空间数据采样区域的方式来弱化由于光照和视觉效果导致测试表面上的色调值分布不均匀的问题。

原始温度场

平均温度 25.91 ℃　　　　　　27.33 ℃　　　　　　31.08 ℃

扫码获彩图

扫码获彩图

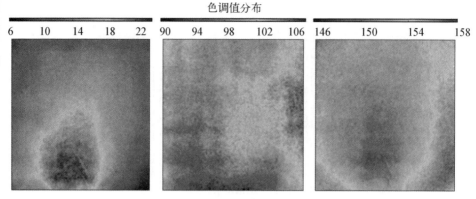

图 3-4 近似均匀温度的平板表面上液晶热像色调值分布[3]

3.2 绿色峰值法校准

绿色峰值法校准的关键是准确的绿色-G强度曲线的峰值点对应的温度，要求温度测点与拍摄区域温度严格相同，因此实验必须达到准热平衡。以传统的标定方法，必须在峰值附近密集采样，且每次测量需要等待较长时间以使系统达到热平衡，需要耗费大量时间才能达到一定的精确度。这里介绍 Poser[4] 采用的静态标定方法。如图 3-5 所示，标定实验装置的核心组件是一个矩形铜板，其测试表面涂有黑色底漆和热色液晶，以直观地显示壁面温度。铜板的一侧不断被加热时，另一侧则不断被冷却。为了在铜板内部的热源和散热器处提供均匀的热流密度分布，通过水浴控制温度。铜板完全嵌入绝缘塑料中，以避免通过金属流体连接器的横向热传导。板的外部用硬质聚氯乙烯隔热，并覆盖一块 20 mm 厚的有机玻璃板，因此在几个小时后，板中产生的温度分布是线性且稳定的。然后用 10 个热电偶沿着试验表面正下方的板中心线监测试验表面温度，精确到大约 0.1 mm。通过这种方法，温度、颜色分别与像素点在图片中的位置一一对应，而且可以认为标定过程是静态的。这种标定方法高效且精确。

通常来说，峰值法只能适用于瞬态实验，因为背景噪声通常饱和度和亮度较弱，峰值法无法区分出背景噪声，而色调法易于区分背景噪声。

峰值法也有其优势，据 Poser 的研究，峰值法具有检测较弱的液晶热像信号的关键优势，与色调法相比，峰值法对弱信号敏感得多，典型对比如图 3-6[4] 所示。

扫码获彩图

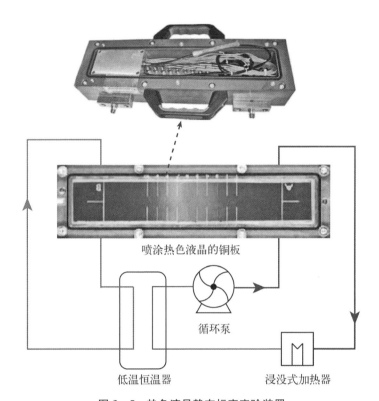

图 3 - 5　热色液晶静态标定实验装置

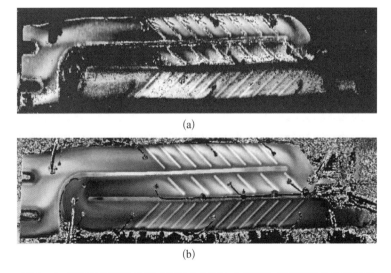

图 3 - 6　带肋转折通道的瞬态实验中色调法与峰值法处理弱信号的灰度图

（a）绿色色调法指示；（b）绿色峰值法指示

3.3　液晶热像测温误差影响分析

由于液晶用于传热测量的重要前提是要准确地对液晶颜色-温度之间的关系进行校准,在过去的 20 年里许多研究人员对液晶热像的校准方法进行了研究。如 Rao 等[5]、Behle 等[6]、Farina 等[7]、Camci 等[8]、Sabatino 等[3]对照明角度和观察角度对液晶校准曲线的影响进行了实验研究;Abdullah 等[9]、Rao 等[5]对液晶涂层厚度对液晶校准曲线的影响进行了实验研究。他们的研究都表明光源照明角度和液晶涂层厚度会对液晶校准曲线(液晶颜色与温度之间的函数关系)产生影响,但由于实验测量误差的存在,通过离散的实验点确定的校准曲线并不能反映液晶热像测量精度与温度及测量参数(光源、液晶涂层厚度等)之间的关系。

影响液晶热像测量精度的因素很多,主要包括液晶的工作带宽、液晶彩色图像处理技术、照明角度和观察角度、液晶涂层厚度、液晶涂层的制备质量、滞后和老化等。表 3-2 展示了不同因素对精度的影响,其中+和-分别表示增加精度和减小精度。

表 3-2　影响液晶热像测量精度的因素

因　素	对精度的影响	
工作带宽	变窄(+)	变宽(-)
涂层厚度	变薄(+)	变厚(+)
涂层制备质量	粗糙(+)	精细(-)
光源角度	变大(+)	变小(-)
数据滤波	采用图像滤波(+)	原始色调值(-)
观察方法	不显著	
旋转	不显著	
光源频闪频率	不显著	

下面分节对其中一些因素进行详细讨论。

3.3.1　液晶热像的工作带宽对测量精度的影响

液晶按工作带宽一般可分为窄带液晶和宽带液晶。窄带液晶的工作带宽约为 1 ℃,而宽带液晶的工作带宽通常有 5 ℃、10 ℃和 20 ℃。液晶的工作带宽越小,表明液晶颜色的变化对温度越敏感,温度测量精度越高。已有的文献报道表明,窄带液晶温度测量精度为 ±0.1 ℃,5 ℃带宽液晶测量精度为 ±(0.1～0.3)℃,10 ℃带宽液晶测量精度为 ±(0.2～0.4)℃,以及 20 ℃带宽液晶测量精度为 ±(0.4～0.5)℃。

3.3.2　液晶图像处理对测量精度的影响

笔者采用的液晶标定装置如图 3 - 7(a)所示,液晶覆盖于紫铜基板之上,厚度为 17 μm,液晶与基板之间喷涂黑漆打底;基板背面黏贴薄膜加热片提供热量;外部包裹有机玻璃,起到绝热保温的作用。其中面向摄像机一面采用高透有机玻璃,以提高拍摄图像质量。在基板背面中心钻有热电偶孔,热电偶与液晶涂层的距离控制在 0～0.3 mm,以减少导热误差。液晶标定实验的步骤如下:

(1) 给加热膜通电,使铜板稳定在一定的温度;

(2) 在数据采集中记录此温度,并通过 CCD 摄像机记录下此刻液晶涂层的图像,如图 3 - 7(b)所示;

(3) 调整加热量改变铜板温度,获得另一幅液晶图像;

(4) 依次进行,实验温度要包含液晶理论测温范围,并包括误差部分,在理论测温范围内需要有足够多的实验点;

(5) 处理图像,获得每幅图像中热电偶所在位置的色调值;

(6) 建立色调值与温度的对应关系。

图 3 - 7(c)表示的是笔者通过图 3 - 3 所示的液晶热像校准装置获得的原始液晶颜色色调值与温度的关系曲线以及图像经过中值滤波处理后的液晶颜色色调值与温度的曲线。

很显然,经过图像噪声滤波处理后,液晶色调值-温度曲线更加光滑,噪声明显消除。为验证液晶色调值-温度曲线的重复性,进行了一次重复实验,如图 3 - 7(c)所示,液晶色调值-温度曲线的重复性很好。

为表示液晶热像测量误差,采用如下方法:考查一系列在不同温度条件下获得的等温液晶校准图像(100×100 像素区域),利用已建立的液晶图像色调值-温度关系函数[见图 3 - 7(c)],计算出每帧液晶图像中各像素点处的温度,并由此确定每帧液晶图像温度标准偏差;采用 95%置信区间,因此每帧液晶热像的测量精度为该标准偏差的 2 倍值。

扫码获彩图

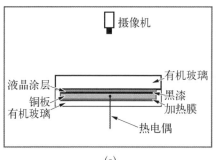

(a)

(b)

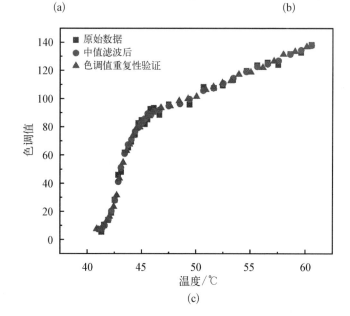

(c)

图 3 - 7　液晶校准示意图

(a) 校准装置图像;(b) 摄像机视角(36 ℃时图像);(c) 色调值-温度关系曲线

图 3-8 表示各温度对应的液晶热像测量误差。误差由多项式拟合后的标准差确定。经过图像滤波后,液晶温度测量误差从 0.98 ℃ 降低到 0.42 ℃。因此,采用图像滤波技术,液晶热像的测量精度能够显著提高。另外,图 3-8 也表明,在不同的温度区间该液晶的测量精度是不同的。在 41～45 ℃,由于该液晶的色调值变化对温度敏感,液晶热像的平均测量误差约为 0.17 ℃。

3.3.3　光源照明角度对液晶热像测量精度的影响

光源照明角度指的是冷光灯和摄像机相对液晶测试平面间的夹角,如

图 3-3 中的 θ 所示。图 3-9 表示的是笔者通过图 3-3 所示的液晶热像校准装置获得的光源角度分别为 20°、27°、30°和 34°时,20 μm 厚的液晶涂层色调值-温度曲线。从图 3-9 中可以看出,光源角度对色调值-温度曲线有明显的影响,随着光源角度的增加,色调值-温度曲线向上偏移,测量误差变大。

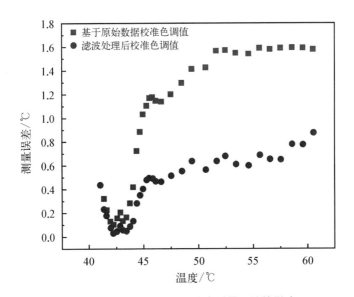

图 3-8　图像滤波对液晶热像测量误差的影响

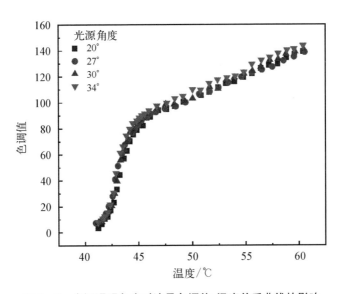

扫码获彩图

图 3-9　光源照明角度对液晶色调值-温度关系曲线的影响

图 3 - 10 表示的是光源照明角度对液晶热像测量误差的影响。实验表明，液晶热像的测量误差随光源角度的增加而增加。当照明角度为最小值 20°时，液晶温度测量误差约为 0.4 ℃；而当照明角度提高到 34°时，测量误差要比照明角度为 20°时高约 25%。这主要是因为照明角度较小时，液晶涂层表面光照强度越大，液晶反射的颜色信号越强，因此液晶测量精度越高。光源角度对测量误差的影响在 45~60 ℃范围内更加明显，这是由于在该温度区间的液晶具有低色调值敏感度。因此，建议在实际的传热测量应用时，如果实验装置和空间允许，光源照明角度应尽可能小。

扫码获彩图

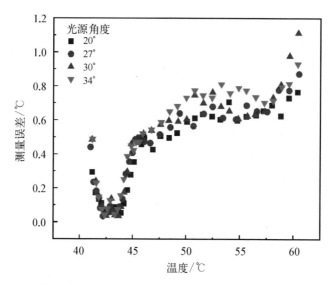

图 3 - 10　光源照明角度对液晶热像测量误差的影响

Behle 等[6]在光源照明角度范围内(0°~70°)对液晶热像测量精度的影响进行了研究。他们的研究也表明，液晶温度测量误差随照明角度的增加而增加。照明角度为 35°时的测量误差比照明角度为 20°时高约 20%，这与笔者的实验结果相一致。

此外，Farina 等[7]、Sabatino 等[3]都指出宽带热色液晶色调值-温度关系会产生较大的偏移。Camci 等[8]指出，观察角度对窄带热色液晶的影响在 $0 < \theta < 40°$ 时可忽略不计，但随着角度的增大，可能产生明显变化，该研究的照明角度为本书中的余角。

以 Kakade 等[10-11]的研究为例。他们研究了观察视角对窄带和宽带热色液晶校准的影响。校准都是间接观察,热色液晶薄膜厚度都是 45 μm,热色液晶是首次加热。在图 3-3 中,θ 是摄像机和照明光源之间的角度。在校准中,照明角度固定在 34°,$\theta=20°$、28°、34°、45°。

图 3-11(a)和(b)分别示出了使用 θ 作为 30 ℃ 和 40 ℃ 晶体的参数(在图例中示出)的色调值随温度的变化。对于窄带液晶,在较低的色调值下没有显著的影响,但观察到的曲线偏离了绿色到蓝色的转变色调($H>0.38$)。

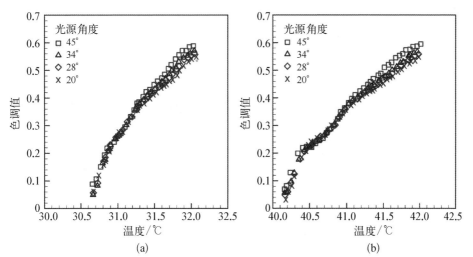

扫码获彩图

图 3-11　不同温度液晶在不同照明角度下的色调值-温度曲线

(a) 30 ℃液晶在不同照明角度下的色调值-温度曲线;(b) 40 ℃液晶在不同照明角度下的色调值-温度曲线

可以发现,校准结果与照明的布置相关。在 $H>0.38$ 的情况下,需要保证对每个像素进行唯一校准,确保以图像方式而不是按点进行校准。在每个光源布置下,即对于每个 θ,在热色液晶表面 60 mm 宽度上的被测色调的变化($0<H<0.7$)在不确定性限度内。

图 3-12(a)显示在不同 θ 下,宽带液晶的色调值随温度的变化。在测试温度范围内,测试结果随照明角度有明显的偏移。Hay 等[12] 提出了归一化温度,将具有不同活性范围的热色液晶数据折叠为单一校准曲线。选择对应于绿色和红色强度峰值 H_G 和 H_R 的色调值作为色调区域的上限和下限。相应的温度 T_G 和 T_R 由图 3-12(b)所示的校准曲线确定。第三个温度 T_M 被定义为 H_G 和 H_R 的平均色调 H_M 的温度。归一化温度定义如下:

$$\zeta = \frac{T - T_M}{\Delta T} \tag{3-4}$$

式中：$\Delta T = T_G - T_M$（当 $T > T_M$ 时）或 $\Delta T = T_M - T_R$（当 $T < T_M$ 时）。

扫码获彩图

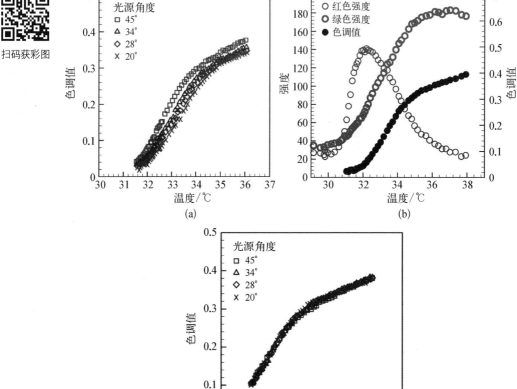

图 3-12 宽带液晶在不同照明角度下的颜色特性曲线

（a）宽带液晶在不同照明角度下的色调值-温度曲线；（b）宽带液晶在不同照明角度下的峰值-温度曲线；（c）宽带液晶在不同照明角度下的色调值-归一化温度曲线

ζ 的定义允许校准曲线的两个半部围绕中心 $\zeta(H_M) = 0$ 独立拉伸。图 3-12(c) 显示，归一化温度有效地将宽带数据折叠到单个特性曲线上，覆盖范围为 $-1 < \zeta < 1$ 的所有视角。这些结果有助于简化宽带热色液晶在不同照明条件和视角范围内的定量响应。然而，需要进一步研究归一化温度是否普遍适用。

3.3.4　涂层厚度对液晶热像测量精度的影响

液晶涂层厚度也是影响液晶热像测量精度的重要因素。图 3 - 13 表示的是笔者通过图 3 - 3 所示的液晶热像校准装置获得的具有 10 μm、20 μm、25 μm、30 μm 和 40 μm 涂层厚度的液晶涂层色调值-温度曲线。该校准实验中光源照明角度为 27°。从图中可以发现,液晶涂层厚度对色调值-温度曲线有明显的影响,随着液晶涂层厚度的增加,色调值-温度曲线向上偏移。

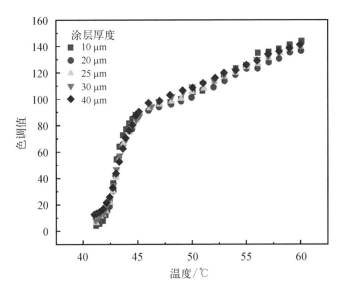

扫码获彩图

图 3 - 13　液晶涂层厚度对色调值-温度关系曲线的影响

图 3 - 14 展示了液晶涂层厚度对液晶热像测量误差的影响。实验表明,液晶涂层厚度为 10 μm 的条件下,液晶热像的测量误差很大,这主要是由于液晶涂层太薄,反射的液晶颜色信号较弱,而背景噪声较强。对于厚度大于 20 μm 的液晶涂层,由于液晶涂层较厚,液晶反射的颜色信号也较强,因此液晶热像的测量误差较小。同时,液晶涂层厚度对测量误差没有明显影响,带宽为 20 ℃ 的液晶热像的平均测量误差为 0.45 ℃。

Abdullah 等[9]研究了涂层厚度对窄带液晶标定的影响。图 3 - 15[9] 展示了 10 μm、20 μm、30 μm、40 μm 和 50 μm 的薄膜厚度在 R35C1W 型热色液晶薄层色谱的绿色强度。结果表明,随着薄膜厚度的增加,峰值绿色强度增加,当薄膜厚度从 10 μm 增加到 50 μm 时,绿色峰值强度增加了近 18%。

扫码获彩图

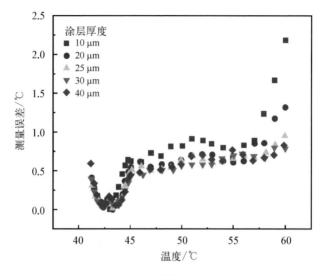

图 3-14 液晶涂层厚度对液晶热像测量误差的影响

扫码获彩图

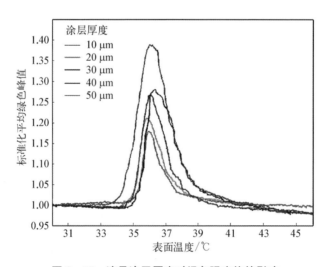

图 3-15 液晶涂层厚度对绿色强度值的影响

3.3.5 液晶涂层的制备对测量精度的影响

由于液晶悬浮液中液晶颗粒的团簇，使得悬浮颗粒直径较大（粒径 $10\sim20~\mu m$），被测物体表面的液晶涂层可以粗糙地直接喷涂制备。另外，也可通过稀释、搅拌破碎、过滤等过程获得乳化更均匀的液晶颗粒悬浮液（粒径 $1\sim5~\mu m$），喷涂制备出更加精细的液晶涂层。图 3-16 表示的是笔者通过图 3-3 所示的液晶热像校准装置获得的粗糙液晶涂层和精细制备的液晶涂层色调值-温度曲线对比[13]。两校准实验都是在相同的照明条件下(光源照明角度为 27°)进行的,液晶涂层厚度也都是 25 μm。从图 3-16 中可看出,粗糙的液晶涂层和精细的液晶涂层表现出不同的色调值-温度关系曲线。在相同的温度范围内,精细的液晶涂层表现出更宽的色调值范围,表明该液晶涂层具有更高的色调值-温度灵敏度以及更高的温度测量精度。

图 3-17 表示了液晶喷涂质量对液晶热像测量误差的影响。液晶校准实验

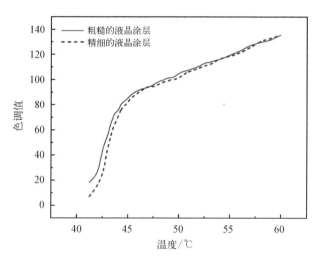

图 3-16　制备的液晶涂层质量对色调值-温度曲线的影响

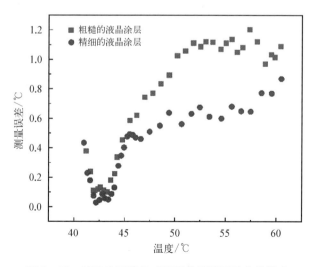

图 3-17　液晶涂层制备对液晶热像测量误差的影响

表明,精细的液晶涂层温度测量精度约为 0.42 ℃,而粗糙的液晶涂层测量精度约为 0.72 ℃,精细的液晶涂层测量精度明显高于粗糙的液晶涂层。这主要是因为粗糙的液晶涂层表面粗糙且厚度不均匀,产生较大的测量信号噪声,导致液晶测量误差偏大。因此,在实际的传热测量中,建议精细地制备液晶涂层。

3.3.6 旋转对液晶热像测量精度的影响

Syson 等[14]研究了旋转对薄层液晶校准的影响。相关研究者使用红外成像仪和宽带热色液晶同时测量旋转盘的表面温度,如图 3-18 所示,旋转圆盘转速从 1 000 r/min(均以当量回转数计)增加到 7 000 r/min。红外热像测得的温度和热色液晶测得的温度偏差仅为 0.3 ℃,而转速的中间值与 1 000 r/min 时的偏差也只有 0.5 ℃。此外,偏差与转速之间并没有明显的单调性,考虑到测试系统的不确定度,采用不同的测试方式的结果本就存在一定的偏差,故可以认为热色液晶测温精度与旋转无关。研究发现,直到 16 000g 都没有显著的旋转效应,其中 g 是重力加速度。

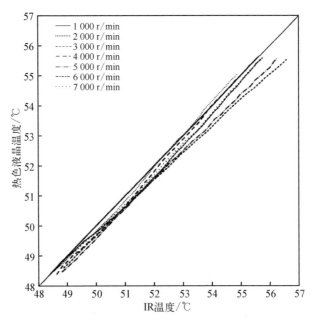

图 3-18 不同转速下红外(IR)测得的温度和
热色液晶(TLC)测得的温度对比

Camci 等[15]也得出了类似的结论，他们发现对于宽带液晶和窄带液晶，即使向心加速度至 10 000g，旋转对实验结果依然没有明显的影响。

3.3.7 直接与间接观察方式对测量精度的影响

术语"光学路径"用于描述直接和间接观察之间的差异；对于后者，光将穿过透明的聚碳酸酯透明板。观察方式如图 3-19 所示。

Kakade 等[10]研究了不同观察方式对液晶热像测量精度的影响。图 3-20 显

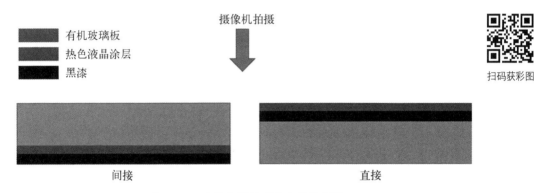

图 3-19　直接与间接观察方式示意图

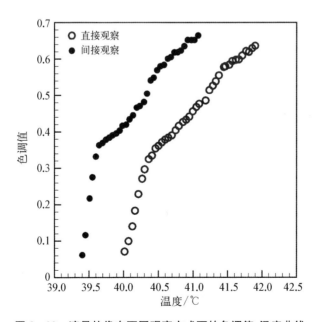

图 3-20　液晶热像在不同观察方式下的色调值-温度曲线

示了液晶色调值与温度的关系，T_e 为采用嵌入式热电偶测得的表面温度。这里比较工作温度为 40 ℃的液晶在直接和间接观察条件下色调值的变化，同时保持所有其他影响因素（例如观察和照射角度、液晶厚度、老化周期）恒定。

对于直接和间接的观察，液晶都具有最小活化温度，并且色调随着温度的升高单调递增，但是呈现非线性增加。在透明点（清亮点，即液晶受热变为各向同性的液体）温度附近（色调值大于 0.7），热色液晶停止反射颜色并变得透明。在绿色-蓝色过渡处（色调值约为 0.38），斜率有明确的变化，并且校准在此点之上的用处不大，因为分辨率随着 dH/dT 的减小而降低。这两种观察方式在色调和温度关系上具有相似的曲线和激活范围。然而，对于相同的色调值，约有 0.6 ℃的明显变化。通过折射或其他光学过程，聚碳酸酯板介质会改变 RGB 分量的光谱含量，进而改变色调。在使用 30 ℃工作温度和宽带晶体测量时也取得了类似的效果。应该注意的是，只要液晶保持在上述透明点温度以下，这些校准是可重复的；如果温度升高超过这一点，薄层色谱会出现滞后现象和老化。

3.3.8 光源频闪频率对测量精度的影响

照明源的光谱分布将影响热色液晶的响应，并且在大多数热色液晶实验中，主照明源是大部分背景光的来源。Anderson 等[16-17]研究了各种照明光源的光谱效应，包括钨丝、卤素丝和荧光丝。

Kakade 等[11]研究了光源频闪频率对测量精度的影响。该实验在暗室中使用闪光灯作为照明进行间接观察。图 3-21 展示了在三种频率照射下的 30 ℃晶体的色调值与温度的关系曲线。频闪转速仪的频率与转速有关，1 000 r/min、3 000 r/min 和 5 000 r/min 体现了不同的频闪频率。测量结果表明频闪光谱的频谱分布不随频率显著变化，并且色调值-温度关系与频闪频率无关。

3.3.9 滞后效应对液晶热像测量精度的影响

液晶的颜色-温度响应（如色调值-温度关系）取决于晶体在经历冷却循环还是加热循环过程，这种在加热或冷却过程中液晶表现的颜色-温度响应差异称为滞后现象。但如果循环过程保持在透明点温度以下，这种现象可以得到明显减缓。当液晶温度上升至远超过透明点温度后，那么液晶的色调值-温度响应可能由于损坏或老化而被永久性地破坏[3,18]。Anderson 等[19]提出了基于液晶螺旋结构纹理对于色调值-温度响应滞后现象的解释。

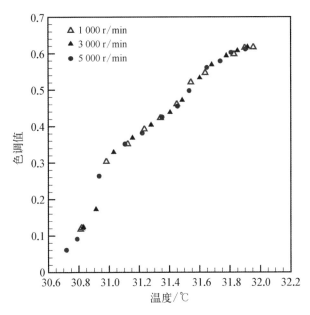

图 3 - 21　在 30 ℃时液晶在不同频闪频率
下的色调值-温度曲线

Kakade 等[11]使用 30 ℃和 40 ℃工作温度的窄带热色液晶的混合物研究滞后现象,混合物从 20 ℃加热至 45 ℃,45 ℃刚好超过 40 ℃液晶的透明点。实验采用间接观察,热色液晶膜厚度为 45 μm,热色液晶首次被加热。图 3 - 22(a)和

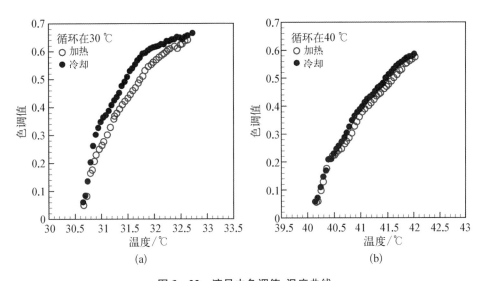

图 3 - 22　液晶中色调值-温度曲线
(a) 加热或冷却循环在 30 ℃;(b) 加热或冷却循环在 40 ℃

(b)展示了两种液晶在加热和冷却循环的色调值-温度曲线的差异。在冷却过程中,观察到RGB值相对于加热过程有所下降,这会导致被测表面温度的色调值偏高,30 ℃液晶的色调值偏移最严重。Anderson 等[19]也指出,这种偏高的幅度随着冷却前最高温度的增高而增加。一旦冷却到活性温度以下,热色液晶会重置变色并在随后的加热过程中再现其特性。这种可重复性会受到老化的限制。

如图 3-23 所示,在宽带晶体实验中也观察到类似的滞后现象。图 3-23 说明归一化温度有效地将宽带液晶的数据压缩到单个特性曲线上,这些数据包括了对应 $-1<\zeta<1$ 范围内的加热和冷却过程。滞后的产生原因很复杂,标准化温度的应用是否具有普适性有待进一步研究。

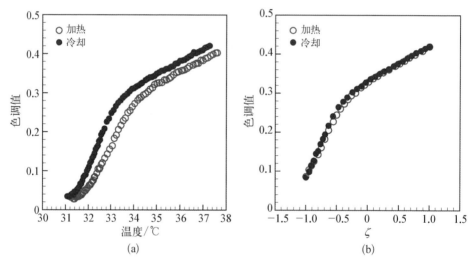

图 3-23　加热或冷却循环中窄带液晶温度与归一化温度对比图

(a) 液晶中色调值-温度曲线;(b) 色调值-归一化温度曲线

在应用中,通过确保校准保持在同一个方向(加热或冷却)以及保证初始温度相同等手段,可以减少液晶滞后对实验的影响。

只要校准过程中的最终温度相对于活性温度范围足够高,所有的液晶在加热后再冷却时都会表现出类似的滞后现象。在冷却过程中,观察到被测的液晶 RGB 值相对于加热过程有所下降,即对应表面温度的色调值会有所增高。这个变化量会随着冷却前最高温度的增高而增加。一旦冷却到低于活性温度下限时,热色液晶会重置并再现其加热过程中的特性,除非受到老化效应的影响。

3.3.10　老化在不同厚度下对液晶测温精度的影响

Wiberg 等[18]指出热色液晶涂层的厚度会影响校准结果并易引发老化现象，即由于长时间暴露于高温和被使用而引起的色调值-温度对应关系的变化。较厚的热色液晶层对老化的影响不是特别敏感。Anderson 等[19]讨论了类似的现象，指出暴露于高于透明点的温度时，热色液晶会受到永久性破坏，这种破坏包括反射率的降低和红色、绿色强度峰值的对应温度点的偏移。

Kakade 等[11]通过实验评估色调值-温度对应关系是否受到循环过程中固有的老化现象影响。实验中使用 30 ℃工作温度的液晶研究了液晶厚度对实验结果的影响。图 3 - 24(a)～(c)显示出了分别以 15 μm、30 μm 和 45 μm 液晶厚度的色调值随温度的变化。在实验中，每个加热循环热色液晶从 20 ℃被加热到 45 ℃(45 ℃刚好超过液晶透明点)，然后回到 20 ℃，这样允许液晶被冷却到低于活性温度(约 30.5 ℃)而被重置。

这里仅显示循环中加热过程的数据。数据表明，由于循环温度超出了透明点温度，相对薄的液晶的色调值-温度关系会发生改变。对于固定的温度，随着历经加热循环次数的增加，曲线色调值下降得更多；在老化过程中，峰值 R 和 G 强度水平及其对应温度会产生相应的偏移。厚度最薄的液晶厚度对老化现象最敏感；而最厚的膜(45 μm)在历经循环次数为 10 以内时不会受到老化的显著影响。图 3 - 24(d)是首次循环的三种厚度的液晶的色调值-温度的曲线图，它说明即使在老化没发生时，液晶的厚度也会对校准产生影响。对于两种较厚的液晶，校准中的差异要小得多，并且值得注意的是，液晶厚度上的任何不均匀性都可能导致测温误差。

发生老化现象的一个可能原因是暴露于紫外线(UV)辐射。在该老化实验中，使用的是间接观察，因此聚碳酸酯有效过滤了来自闪光灯的紫外线。其他学者通过直接观察方式完成的实验也得出，对于薄层液晶，外层液晶吸收了紫外线辐射引发或者加剧的老化；对于厚层液晶而言，它的外层可能起到紫外线过滤器的作用，保护了内层免于老化。然而，在间接观察方式(紫外线的影响可以忽略)中也发现老化现象的存在，表明可能是其他的机理引发了老化现象。

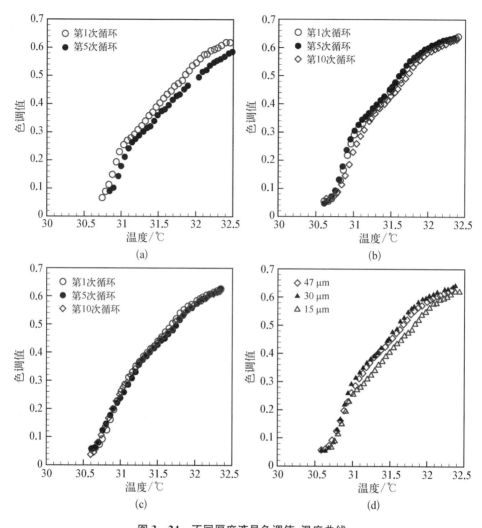

图3-24 不同厚度液晶色调值-温度曲线

(a) 不同循环次数下厚度为 15 μm 的 30 ℃液晶；(b) 不同循环次数下厚度为 30 μm 的 30 ℃液晶；
(c) 不同循环次数下厚度为 45 μm 的 30 ℃液晶；(d) 不同厚度下经历首次加热循环的 30 ℃液晶

  液晶暴露于高温下很长一段时间后也会老化。对于较薄的液晶涂层来说，对
老化现象和破坏的敏感性(反射强度的永久性降低)是更加严重的。这个结论的证
明方式如下：将 30 ℃的液晶从 20 ℃加热到 60 ℃[图3-25(a)～(c)中标为第 1 次
循环曲线]，并将液晶在该最高温度下保持 150 min，然后冷却至 20 ℃；液晶随后又
在其活性范围内[图3-25(a)～(c)中的第 2 次循环曲线]被加热。图3-25(a)展
示了对于 15 μm 厚的液晶色调值-温度曲线的变化，并观察到对于给定的温度，

在历经第 2 次加热循环的实验中色调值会大幅降低,液晶色调值-温度关系的这种变化比图 3 - 24(a)中观察到的变化更加明显。这是由于与本次实验相比,之前的实验更少地暴露在超过透明点温度的环境内,并且拥有更低的最高暴晒温度。针对 30 μm 和 45 μm 的类似数据如图 3 - 25(b)和(c)所示,这两种情况下老化现象并不是很明显。这两种周期之间的色调偏移与热色液晶的可见度恶化(即反射强度的降低)以及峰值 R 和 G 最大值对应的温度的偏移有关。

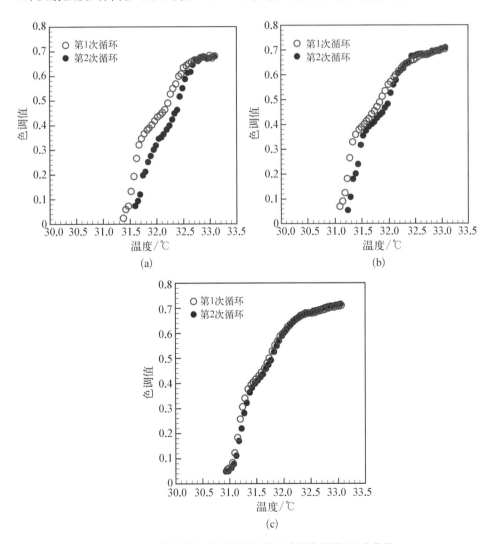

图 3 - 25　暴露在高温下的不同厚度液晶色调值-温度曲线

(a) 不同循环次数下 15 μm 厚的 30 ℃ 液晶;(b) 不同循环次数下 30 μm 厚的 30 ℃ 液晶;(c) 不同循环次数下 45 μm 厚的 30 ℃ 液晶

图 3 - 26(a)和(b)分别为 30 μm 和 45 μm 液晶厚度下两种历经循环次数下的红色和绿色强度与温度的关系曲线,与之对应的色调值数据展示在图 3 - 25(b)和(c)中。表 3 - 3 更详细地列出了绿色峰值强度的数据。老化使 30 μm 液晶厚度的实验结果的绿色峰值强度降低了 60%,它的可视性降低了太多使得晶体不能再被有效使用。虽然 45 μm 液晶厚度的实验结果绿色峰值强度降低了 13%,它的色调值-温度关系基本上在第 1 次和第 2 次循环之间保持不变。这些老化实验及其相关的峰值红色和绿色强度测量为热色液晶校准的保真度提供了有用的措施。

扫码获彩图

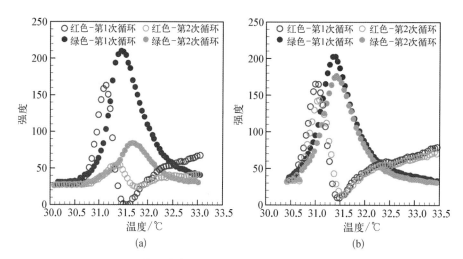

图 3 - 26　暴露在高温下的不同厚度液晶的强度-温度曲线

(a) 不同循环次数下 30 μm 厚的 30 ℃液晶;(b) 不同循环次数下 45 μm 厚的 30 ℃液晶

表 3 - 3　G 强度峰值由于老化效应的衰减

厚度/ μm	循环次数	温度/℃	色调值	绿色峰值强度	衰减率/%
30	1	31.4	0.38	210	60
	2	31.7	0.40	84	
45	1	31.7	0.39	202	13
	2	31.7	0.38	176	

在传热实验中,膜层应该足够薄,以使热色液晶涂层温度与半无限基材的表面温度相同并受到相同的传热影响。研究发现,热色液晶涂层的厚度影响校准和易老化,即由于长时间暴露于高温和使用而引起的色调值-温度关系随时间发生了变化。在暴露于高于透明点的温度期间,涂层产生了永久性损伤,其特征在

于反射率降低,以及可以观察到红色和绿色峰值强度时的温度变化。较薄的涂层更易老化和受到损坏。

3.4　液晶热像测量误差标定实验

在实验过程中,测量结果的准确性受到物性参数、热电偶和液晶测温误差的影响。最终测量结果的准确性可以通过误差传递公式[20]将上述误差影响进行综合考虑。

Camci 等[21]应用瞬态实验方法在风洞内测量了过渡段表面的传热系数。根据一维瞬态传热理论,测试表面的温度和时间有以下关系,式中 θ 和 $\beta = h(t/\rho c_p k)^{\frac{1}{2}}$ 分别是无量纲化的壁面温度和时间。

$$\theta = (T_w - T_i)/(T_\infty - T_i) = 1 - \exp(\beta^2)\mathrm{erfc}(\beta) \tag{3-5}$$

实验采用了六阶多项式进行拟合,需要重点关注的前 15 s 的拟合式如下。

$$\begin{aligned}\beta = &-0.010\,71 + 1.113\,90\theta - 0.664\,74\theta^2 + 2.220\,70\theta^3 + \\ &8.933\,90\theta^4 - 24.571\,00\theta^5 + 20.586\,00\theta^6\end{aligned} \tag{3-6}$$

在实验过程中,来流温度、壁面温度、物性和时间在 90% 置信区间下的不确定度分别为 1.5%、1.0%、5.0% 和 1.5%。根据误差传递的公式,最终传热系数的不确定度可以由以下公式计算,结果为 5.89%。

$$\frac{\delta h}{h} = \left\{ \left[\frac{\delta\,(\rho c_p k)^{\frac{1}{2}}}{(\rho c_p k)^{\frac{1}{2}}} \right]^2 + \left[\frac{\delta t}{t} \right]^2 + \left[\frac{\delta\beta}{\beta} \right]^2 \right\}^{\frac{1}{2}} \tag{3-7}$$

Sodtke 等[22]用热色液晶对液滴形状的演变进行了研究。实验用温度作为分辨液滴形状的条件,如图 3-27 所示。在实验过程中,温度的不确定度在 ±0.2 ℃ 以内,相应地,通过图像处理获得的测量不确定度估计为每个检测边缘最多有 2 个像素,导致液滴直径不确定度为 ±36 μm,液滴高度不确定度为 ±18 μm。

在上述实验中,液晶测温过程中的误

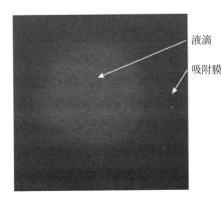

液滴

吸附膜

扫码获彩图

图 3-27　液滴蒸发时热色液晶的颜色变化

差对最终实验结果的准确性有很大的影响。前文已经详细讨论影响液晶测温误差的各种因素,而采用合适的实时校准方法是减小液晶测温总体误差的重要手段。Wiberg 等[18]提出实时校准大体可以分为两种:第一,整体校准,整个图片使用一条相同的色调值-温度曲线进行校准;第二,局部校准,每个像素点使用一条校准曲线。局部校准结果更为准确,但可以预料的是,也更耗时间。对于整体校准而言,尽量减少光干扰,确保热色液晶涂层的均匀性,保证照明和观察为同轴,能确保温度读数的误差最小化。此外,由 Elkins 等[23]提出的用于实时校准的微型校准器也能够减小局部光照条件和视角的影响,从而减小液晶测温的总体误差。

传统的基于色调值的校准方法将摄像机捕捉到的 RGB 值转换为 HSI 值,HSI 与 RGB 的对应关系为

$$H(R, G, B) = \arctan\left[\sqrt{3}\,(G - B)/(2R - G - B)\right] \tag{3-8}$$

$$S(R, G, B) = \sqrt{2/3}\,\sqrt{R^2 + G^2 + B^2 - RG - RB - GB} \tag{3-9}$$

$$I(R, G, B) = R + G + B \tag{3-10}$$

热色液晶涂层的温度响应是原始数据(即 RGB 值),基于色调值的校准法引入了校准变量 HSI,而 Roesgen 等[24]直接采用本征正交分解(proper orthogonal decomposition,POD)的方法对原始的 RGB 信息进行处理,过程如下:

$$\begin{bmatrix} x_1 \\ x_2 \\ x_3 \end{bmatrix} = \boldsymbol{T} \begin{bmatrix} r - \bar{r} \\ g - \bar{g} \\ b - \bar{b} \end{bmatrix} \tag{3-11}$$

式中:$\boldsymbol{T}$ 为旋转矩阵,有 $\boldsymbol{T}^{-1} = \boldsymbol{T}^{\mathrm{T}}$。成立的条件是 $\mathrm{cov}(x_1, x_2, x_3)$ 必须为对角阵,故有

$$\mathrm{cov}(x_1, x_2, x_3) = \begin{bmatrix} \lambda_1 & 0 & 0 \\ 0 & \lambda_2 & 0 \\ 0 & 0 & \lambda_3 \end{bmatrix} = \boldsymbol{\Lambda} \tag{3-12}$$

对于标准的特征值问题,有

$$Ct = \lambda t \tag{3-13}$$

式中：C 为原始的协方差矩阵。

$$C = \text{cov}(R, G, B) = \begin{bmatrix} \overline{(R-\bar{R})^2} & \overline{(R-\bar{R})(G-\bar{G})} & \overline{(R-\bar{R})(B-\bar{B})} \\ \overline{(R-\bar{R})(G-\bar{G})} & \overline{(G-\bar{G})^2} & \overline{(G-\bar{G})(B-\bar{B})} \\ \overline{(R-\bar{R})(B-\bar{B})} & \overline{(G-\bar{G})(B-\bar{B})} & \overline{(B-\bar{B})^2} \end{bmatrix}$$

$$\tag{3-14}$$

对于三维矩阵，存在三个特征值及各特征值对应的特征向量。最大的特征值对应的方向保存了最多的相对信息，特征值越小，信息越少。由于对原始数据进行处理时，$R + G + B = 1$，所以第三个特征值总是为 0。

图 3-28 所示为采用色调值校准法时，标准化 RGB 值和 HSI 值与标准化温度的关系。图 3-29 所示为 POD 校准方法对 RGB 和 HIS 进行处理的结果。可以发现，与采用色调值校准法类似，采用 POD 方法时，RGB 值在 POD 最大特征值对应的特征向量上的投影与温度呈单调关系，随温度的升高而增加，不同温度与其 RGB 值在最大特征向量上的投影一一对应，可以建立 RGB 与投影数值之间的映射。采用色调值法要进行一次 RGB 到 HSI 的映射，而 POD 方法直接处理原始数据矩阵，可以保留更多的原始信息。

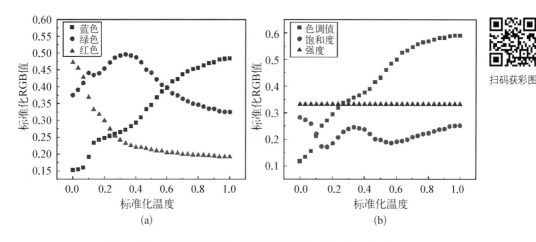

扫码获彩图

图 3-28　标准化 RGB 值和 HSI 值与标准化温度的关系

（a）标准化 RGB 原始数据；（b）标准化 HSI 值（色调值校准法）

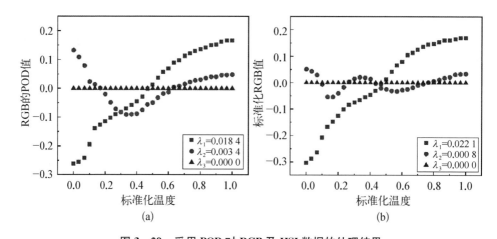

图 3 - 29 采用 POD 对 RGB 及 HSI 数据的处理结果

(a) RGB 在 POD 特征向量上的投影；(b) HSI 在 POD 特征向量上的投影

3.5 神经网络方法在液晶热像测量中的应用

通常，在热色液晶校准中使用来自 HSV 颜色空间的色调值来描述表面温度，而 HSV 空间的其余两个变量则是饱和度和亮度，分别代表颜色的纯度和最大 RGB 强度。色调值代表的是颜色的主要波长，由 RGB 值导出。色调并不受光强度的影响，光强度的变化只影响图像的饱和度和亮度。因此，理论上色调值不会随测量表面到光源的距离而变化。为了使测量的不确定性最小化，应通过增加热色液晶表面反射率(热色液晶和背景的反射比)和适当选择照明源来使饱和度和强度最大化。

色调值的另一个重要特征是在测温区间内随温度而单调增加，因此可以作为一个最强大的变量，提供颜色和温度之间的一对一映射关系。但是色调值-温度校准受到色调不连续性和 R、G 和 B 强度的标准偏差的限制。如果比较红色 (0.9)、绿色(0.2~0.3)和蓝色(0.6)的归一化色调值，会发现红色到绿色过渡中的色调存在不连续性。实际使用过程中通常使用多项式拟合来描述校准曲线，但在多项式拟合成功之前，必须消除色调中的不连续性。因此，液晶材料的适用范围被缩小了。

R、G 和 B 测量值的标准偏差是由光照强度、液晶涂层质量和成像设备质量等因素造成的。而神经网络可以帮助解决这些问题，相对传统标定技术起到补偿作用。因此,用 RGB 图像训练的神经网络可以将 R、G、B、H 等图像参数映射到标定温度上,常用的有反向传播(BP)神经网络。

BP 神经网络是利用非线性可微分函数进行权值训练的多层网络。在函数逼近、模式识别、信息分类及数据压缩等领域得到了广泛的应用。BP 神经网络是一种具有三层或三层以上的神经网络,包括输入层、中间层(隐层)和输出层。上下层之间实现全连接,而每层神经元之间无连接。当一对学习样本被提供给网络后,神经元的激活值从输入层经过中间层向输出层传播,在输出层的各神经元获得网络的输入响应。接下来,按照减小目标输出与实际误差的方向,从输出层经过各中间层逐步修正各连接权值,最后回到输入层,这种算法称为“误差逆传播算法”,即 BP 算法。随着对这种误差逆的传播修正的不断进行,网络对输入模式响应的正确率也不断上升。

具体地,BP 神经网络的主要公式如下:

$$b_i = f\left(\sum_{h=1}^{n} V_{hi} a_h + \theta_i\right) \qquad i = 1, 2, \cdots, p \tag{3-15}$$

式中:$f(x)$ 为网络的作用函数。它应是一个可微分非递减的非线性函数,常使用 S 型函数(Sigmoid 函数):

$$f(x) = (1 + e^{-x})^{-1} \tag{3-16}$$

$$T_N = f\left(\sum_{i=1}^{p} W_i b_i + \gamma\right) \tag{3-17}$$

$$\delta_T = T_N (1 - T_N)(T_r^k - T_N) \qquad k = 1, 2, \cdots, m \tag{3-18}$$

$$\delta_{iB} = b_i (1 - b_i) W_i \delta_T \qquad i = 1, 2, \cdots, p \tag{3-19}$$

$$\Delta W_i = a b_i \delta_T \qquad i = 1, 2, \cdots, p \tag{3-20}$$

$$\Delta \gamma = a_h \delta_T \tag{3-21}$$

$$\Delta V_{hi} = \beta a_h \delta_{iB} \qquad h = 1, 2, \cdots, n; \quad i = 1, 2, \cdots, p \tag{3-22}$$

$$\Delta \theta_i = \beta \delta_{iB} \qquad i = 1, 2, \cdots, p \tag{3-23}$$

$$E = \frac{1}{2} \sum_{k=1}^{m} (T_N - T_R^k)^2 \tag{3-24}$$

式中:T_R^k 为输出模式;n、p 为输入层和中间层的单元数;a_h 为输入层的第 h 个单元;b_i 为中间层的第 i 个单元;V、W 分别为输入层单元到中间层单元和中间层单元到输出层单元的连接权；θ、γ 分别为中间层单元和输出层单元的阈值；δ_B、δ_T 分别是中间层单元和输出层单元的一般化误差；α、β 分别为中间层到输出层和输入层到中间层的学习率；E 为误差函数；m 为模式对的组数。

因此，通过调整连接权和阈值，以使上式所示的误差函数 E 能达到所要求的最小值，即以 RGB 为输入，以使与它们相对应的网络输出几与实际温差 ΔT 相一致为目标，来调整连接权和阈值，直至误差函数 E 达到足够小。

下面以标定过程的实例来说明 BP 神经网络的学习步骤。

(1) 系统初始化：给输入层单元到中间层单元的连接权 V_{hi}、中间层单元到输出层单元的连接权 W_i 以及中间层单元的阈值 θ_i、输出层单元的阈值 γ 分别赋以一个关于原点对称的区间（例如[-1，$+1$]）之间的随机值；将全部模式进行必要的归一化，使之适应 BP 网络的学习。

(2) 对每一组模式对 $(A^k, T_R^k)(A^k = \{R^k, G^k, B^k\}, k = 1, 2, \cdots, m)$，$A_R^k$ 为输入模式，按照上述公式(3-15)～(3-23)进行，其中公式(3-15)和(3-17)是前向传输过程，公式(3-18)是输出层单元的一般化误差；公式(3-19)具体体现了误差逆传播过程，即将输出层单元的误差反向传播到中间层单元，公式(3-20)～(3-24)是对连接权和阈值的调整。

(3) 重复步骤(2)，直至使公式(3-24)所示的误差函数 E 变得足够小为止。

而经过上千次的网络学习后，可较为准确地呈现校准温度和实际测量温度之间的关系，在一般的测量范围内，可以实现准确的对应，方便地实现了从颜色信息到温度信息的非线性映射。

以 Grewal 的工作[25]展开为例进一步说明。首先，实验在 4 种不同的光源照明强度下各采集了 5 个数据集，每个数据集包含 23 张图片，这 23 张图片是在以 0.5 ℃ 为间隔的温度增加下获得的稳态图像，且都在热色液晶的测量范围内。如图 3-30 所示，用 6 次多项式拟合的方法，对比一种光源下的数据集中获得的平均色调值-温度关系和 4 种不同光源下的色调值-温度关系，当光源光强改变 50% 时，色调值的改变可能达到 10%～12%，给温度的测量带来±1 ℃ 左右的误差。

由于光源的使用时间等因素会影响光源光强质量，为了减小由光源强度对热色液晶温度测量造成的误差，评估热色液晶测温的适用性，建立了一个多层前馈-后向传播神经网络用于训练和测试。网络有一个输入层、一个隐藏层和一个输出层，训练算法使用 Levenberg-Marquardt 方法进行，其速度和适合中等规模的网络。选取每个光照强度下的 5 个数据集中的 2 个用于训练和测试。

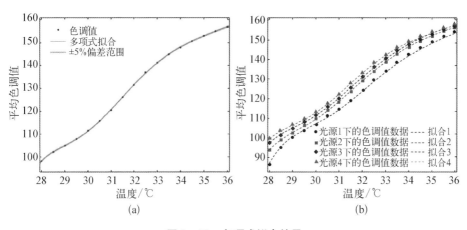

图 3 - 30 多项式拟合结果

(a) 单种光照强度下的多项式拟合结果;(b) 4 种不同光照强度下的多项式拟合结果

神经网络需要大量的训练集才能实现成功的训练并具有较好的适用性。在数据集中的图像上标记 120×120 像素的感兴趣区域(ROI),然后将其分割为 10×10 像素的块,如图 3 - 31 所示。对于每个像素块,提取并存储 100 组 RGB 值用于网络训练。因此,每张采集到的图像贡献了 144 组训练集。

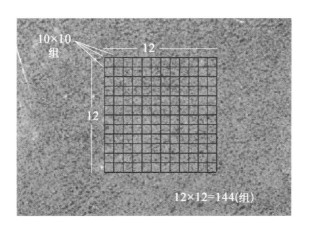

图 3 - 31 每张热色液晶温度图的图像获取

对于每组训练集,网络的输入维数变为 300(分别考虑 RGB 为 3×100),数据集中保存的信息一定程度上较为多余,特别是当整个图像具有与当前集类似的 RGB 和色调值时,为了缩减训练时间和学习所需的计算量,采用主成分分析(PCA)法来降低输入维数,同时也维护了基本信息。提取的总数据分为两个子集,即输入数据(95%)和验证数据(5%)。验证数据对于避免网络过拟合和低适用性

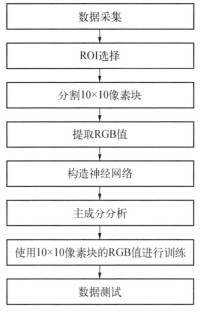

数据采集

↓

ROI选择

↓

分割10×10像素块

↓

提取RGB值

↓

构造神经网络

↓

主成分分析

↓

使用10×10像素块的RGB值进行训练

↓

数据测试

图3-32 神经网络实现流程图

至关重要,而所选权重的值会影响网络的收敛速度,因为误差面是不可预测的。因此,为网络训练设置 50 个不同的权重,并给出了最小均方根误差权重的结果。图 3-32 中的流程图显示了从数据采集到数据测试的逐步过程。

测试数据由 4 种光照强度下获得的数据集合构成,用于表示整个数据和系统一般性。将三个独立的输入参数用于训练和测试,即色调值、RGB 值和 RGB-色调值。计算每个条件下所有测试点的平均百分比误差(与理想响应的绝对平均百分比偏差),用于评估每种情况下的结果。

图 3-33 显示了只用色调值训练时的结果,平均绝对误差达到了 0.376 2 ℃。而网络的输入参数量和所使用的热色液晶颜色带宽会对结果造成较大影响,图3-34 显示了用色调值和 RGB 值作为输入时,全带宽和可用带宽的实际输出和目标输出结果,结果表明平均绝对误差下降至 0.203 ℃ 和 0.126 ℃。

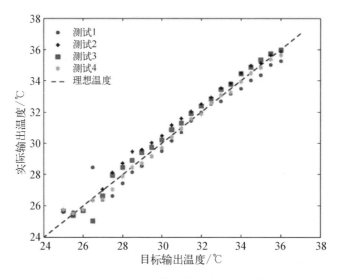

图3-33 只用色调值训练时的目标与实际输出结果

图 3-33 和图 3-34 所示的结果中输入的色调值相同,是由图像直接获得的 RGB 值转化而成的,以色调值作为单输入时带来了标定过程中的最大误差,因而只用 RGB 值作为输入,结果如图 3-35 所示。全带宽和可用带宽的实际输出和目标输出平均绝对误差下降至 0.203 ℃ 和 0.126 ℃,如此,将 4 种光源强度下的 4 条拟合曲线归并为 1 条。

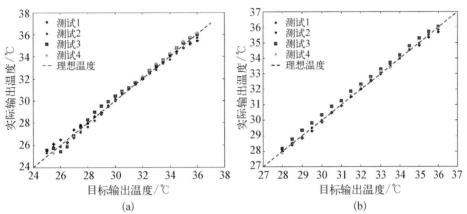

扫码获彩图

图 3-34　色调值和 RGB 值作为输入的实际输出和目标输出结果
(a) 全带宽;(b) 可用带宽

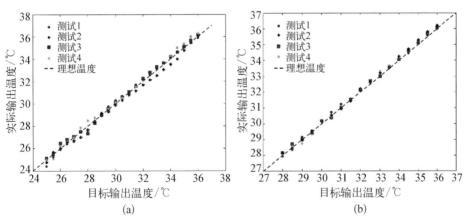

扫码获彩图

图 3-35　RGB 值作为输入的实际输出和目标输出结果
(a) 全带宽;(b) 可用带宽

表 3-4 显示了对所有不同独立输入下参数输出数据进行回归分析的结果。在考虑了输入参数对测试结果的影响后,必须考虑与分析相关的不同网络配置

的性能特征。

表 3-4　不同输入参数下输出数据的回归分析结果

输入参数	色彩带宽	回归系数
色调值	全带宽	0.990
RGB 值 色调值	全带宽	0.997
RGB 值 色调值	有效带宽	0.998
RGB 值	全带宽	0.997
RGB 值	有效带宽	0.999

Levenberg-Marquardt 算法的输入维度和隐藏层中神经元数量的影响总结如表 3-5 所示。实验证明,通过增加输入维数和隐藏层中神经元的数量,可以减少误差。尽管序号 6 下的网络配置误差最小,但认为 17 维输入和隐藏层中 3 个神经元得到结果是最佳的,因为此时网络是由较低数量的神经元构成的,不会导致数据过拟合。

表 3-5　网络配置对输出结果的影响

神经网络结构	输入维度	神经元数量	权重	均方根误差	平均绝对误差/℃
1	11	6	72	0.004 8	0.115 7
2	13	8	112	0.013 0	0.122 4
3	15	8	128	0.015 0	0.109 5
4	17	3	54	0.008 0	0.116 6
5	19	9	110	0.003 8	0.124 2
6	21	7	154	0.004 3	0.107 5
7	23	9	216	0.003 1	0.117 7
8	25	10	260	0.004 4	0.114 0

与传统的色温校准相比,使用神经网络有以下优点:① 它将来自不同照明条件的不同色温校准曲线合并为一条曲线;② 它考虑了感兴趣区域(ROI)内的 RGB 强度分布而非色调的平均值或中值,平均值或中值受光照条件、反射系数和热色液晶带宽的影响较大;③ 可以使用整个颜色带宽,而不需要消除色调值

中的不连续性。结果表明,当只考虑热色液晶的有用色带宽时,可以得到改善,同时实验中色调随光强度的变化需要定期校准检查,因而需要不同的颜色图(或表),方便使用传统技术达到准确的温度测量。然而,神经网络并不能完全取代传统技术。它相对于色调值-温度校准具有明显的优势,在某些研究或工业领域中有较大的应用潜力。

参考文献

［1］Azar K，Benson J R，Manno V P. Liquid crystal imaging for temperature measurement of electronic devices［C］//Phoenix，AZ，USA，1991 Proceedings，Seventh IEEE Semiconductor Thermal Measurement and Management Symposium. IEEE，1991：23－33.

［2］Matsuda H，Ikeda K，Nakata Y，et al. A new thermochromic liquid crystal temperature identification technique using color space interpolations and its application to film cooling effectiveness measurements［J］. Journal of Flow Visualization and Image Processing，2000，7：103－121.

［3］Sabatino D R，Praisner T J，Smith C R. A high-accuracy calibration technique for thermochromic liquid crystal temperature measurements［J］. Experiments in Fluids，2000，28(6)：497－505.

［4］Poser R. Transient heat transfer experiments in complex geometries using liquid crystal thermography［D］. Stuttgart：Institute of Aerospace Thermodynamics Universität Stuttgart，2010.

［5］Rao Y，Zang S，Wan C. Effect of coating thickness on the calibration and measurement uncertainty of a wide-band liquid crystal thermography［J］. Chinese Optics Letters，2010，8(4)：395－397.

［6］Behle M，Schulz K D P，Leiner W，et al. Color-based image processing to measure local temperature distributions by wide-band liquid crystal thermography［J］. Flow Turbulence and Combustion，1996，56：113－143.

［7］Farina D J，Hacker J M，Moffat R J，et al. Illuminant invariant calibration of thermochromic liquid crystals［J］. Experimental Thermal and Fluid Science，1994，9(1)：1－12.

［8］Camci C，Kim K，Hippensteele S A. A new hue capturing technique for the quantitative interpretation of liquid crystal images used in convective heat transfer studies［J］. Journal of Turbomachinery，1992，114(4)：765－775.

［9］Abdullah N，Abu Talib A R，Mohd Saiah H R，et al. Film thickness effects on calibrations of a narrowband thermochromic liquid crystal［J］. Experimental Thermal and Fluid Science，2009，33(4)：561－578.

［10］Kakade V U，Lock G D，Wilson M，et al. Accurate heat transfer measurements using thermochromic liquid crystal. Part 1：Calibration and characteristics of crystals［J］.

International Journal of Heat and Fluid Flow, 2009, 30(5): 939 - 949.

[11] Kakade V U, Lock G D, Wilson M, et al. Accurate heat transfer measurements using thermochromic liquid crystal. Part 2: Application to a rotating disc[J]. International Journal of Heat and Fluid Flow, 2009, 30(5): 950 - 959.

[12] Hay J L, Hollingsworth D K. Calibration of micro-encapsulated liquid crystals using hue angle and a dimensionless temperature[J]. Experimental Thermal and Fluid Science, 1998, 18(3): 251 - 257.

[13] Rao Y, Zang S. Calibrations and the measurement uncertainty of wide-band liquid crystal thermography[J]. Measurement Science and Technology, 2010, 21: 015105.

[14] Syson B J, Pilbrow R G, Owen J M. Effect of rotation on temperature response of thermochromic liquid crystal[J]. International Journal of Heat and Fluid Flow, 1996, 17(5): 491 - 499.

[15] Camci C, Glezer B, Owen J M, et al. Application of thermochromic liquid crystal to rotating surfaces[J]. Journal of Turbomachinery, 1998, 120(1): 100 - 103.

[16] Anderson M R, Baughn J W. Liquid-crystal thermography: illumination spectral effects. Part 1: Experiments[J]. Journal of Heat Transfer, 2005, 127(6): 581 - 587.

[17] Anderson M R, Baughn J W. Thermochromic liquid crystal thermography: illumination spectral effects. Part 2: Theory[J]. Journal of Heat Transfer, 2005, 127(6): 588 - 597.

[18] Wiberg R, Lior N. Errors in thermochromic liquid crystal thermometry[J]. Review of Scientific Instruments, 2004, 75(9): 2985 - 2994.

[19] Anderson M R, Baughn J W. Hysteresis in liquid crystal thermography[J]. Journal of Heat Transfer, 2004, 126(3): 339 - 346.

[20] Kline S, Mcclintock F. Describing uncertainties in single-sample experiments[J]. Journal of Mechanical Engineering, 1953, 75: 3 - 8.

[21] Camci C, Kim K, Hippensteele S A, et al. Evaluation of a hue capturing based transient liquid crystal method for high-resolution mapping of convective heat transfer on curved surfaces[J]. Journal of Heat Transfer, 1993, 115(2): 311 - 318.

[22] Sodtke C, Ajaev V S, Stephan P. Evaporation of thin liquid droplets on heated surfaces[J]. Heat and Mass Transfer, 2007, 43(7): 649 - 657.

[23] Elkins C J, Fessler J R, Eaton J K. A novel mini calibrator for thermochromic liquid crystals[J]. Journal of Heat Transfer-transactions of the Asme, 2001, 123: 604 - 607.

[24] Roesgen T, Totaro R. A statistical calibration technique for thermochromic liquid crystals[J]. Experiments in Fluids, 2002, 33(5): 732 - 734.

[25] Grewal G S, Bharara M, Cobb J E, et al. A novel approach to thermochromic liquid crystal calibration using neural networks[J]. Measurement Science and Technology, 2006, 17(7): 1918 - 1924.

第4章

液晶热像传热测试技术原理

液晶测量技术是利用热色液晶在不同温度下,受白光照射时反射不同波长可见光的一种测温技术,得到温度后可通过数据处理获得被测表面的传热系数。液晶热像技术测量精度高,适用于复杂传热表面的温度测量。液晶热像技术在过去的 20 年里,被广泛用于测量具有复杂传热表面的航空发动机冷却结构、涡轮叶片表面气膜冷却结构的湍流传热系数等。

在一定的温度范围内,热像液晶可以通过颜色和温度的对应关系来显示高分辨率的表面温度分布,采用合适的边界条件和温色标定算法可以进一步获得表面的传热系数。图 4 - 1(a)展示了线性涡轮叶栅中时间平均的温度图像,图 4 - 1(b)是相似配置下的瞬态温度分布图像。这两个图像都表现了热像液晶的高空间分辨率和显色自然亮丽的特点。图 4 - 1(c)是悬浮于水流中的胶囊液晶粒子,其用于粒子图像测温(particle image thermometry,PIT)技术。

光源的反光

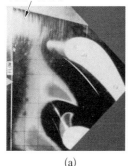 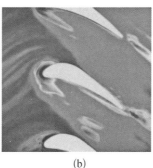 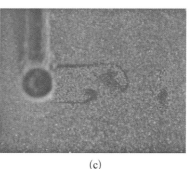

扫码获彩图

(a)　　　　　　　　　(b)　　　　　　　　　(c)

图 4 - 1　原始液晶图像

(a) 时间平均的表面温度[1];(b) 瞬态端壁表面温度分布[2];(c) 加热圆柱下游流场温度分布[3]

　　液晶热像技术在复杂冷却结构内湍流传热研究的应用可分为两种：稳态液晶热像传热测量技术与瞬态液晶热像传热测量技术。

　　为了获取表面的温度，将热色液晶应用在传热实验中。其他关于传热系数的相关理论将在后续传热部分介绍，本章主要介绍测温的原理及应用。

　　稳态测温的原理是在实验前利用热电偶或其他温度传感器校准热色液晶，即获取液晶的色彩变化（通常是色调值或强度值）与温度变化之间的特定对应关系。之后在正式实验过程中，达到热平衡的条件后，利用 CCD 彩色摄像机记录下传热表面热色液晶的色彩图像，通过之前的校准曲线获取该状态下的液晶表面的温度，并在随后的数据处理中可根据该表面温度获得相关传热系数。

　　瞬态液晶传热测试技术目前的应用较为广泛，它在 20 世纪 90 年代初开始发展，由于其具有高空间分辨率和很小的流动干扰性的特点，因此很适合复杂结构表面的温度和传热特性的高分辨率测量。图 4-2 展示了在湍流边界层下瞬态表面传热测量的实现过程[4]。图 4-2(a)是未经处理的液晶图像，图 4-2(b)是由液晶温度图像处理后的瞬态斯坦顿数图像，图 4-2(c)是对瞬态斯坦顿数 St 分布颜色编码的地形图表示。

扫码获彩图

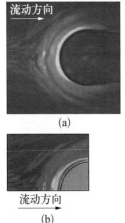

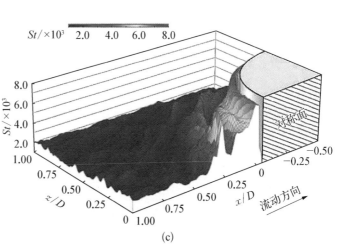

图 4-2　湍流边界层下瞬态表面传热
(a) 液晶图像；(b) 平面斯坦顿数分布；(c) 斯坦顿数地形投影分布

　　瞬态液晶技术的原理是利用 CCD（或 CMOS）彩色摄像机监测被测表面温度 $T_w(t)$ 在某流体温度作用下的变化过程，这使得物体表面上的液晶涂层颜色发生变化，根据液晶颜色与温度的校准关系，即可知道准确的温度变化。瞬态液晶技术的关键是从瞬态测试开始到校准液晶颜色出现的时间测量。这为液晶的检测时间(t_{LC})和此时的壁温(T_{LC})创建了特定的对应关系。在 Hippensteele 等[5]、Baughn[6]、Ireland 等[7]以及 Srinath 和 Je-Chin[8]的研究中都可以找到详细的理论。此处简要介绍一下与传热系数相关的理论。如果喷涂液晶的模型测试板热导率足够低,则壁面温度响应仅限于壁面表面附近的薄层,并且横向热传导可以忽略不计。因此,模型中的温度变化可以假设为一维 $T(z,t)$ 的半无限大平板内热传导,$T(z \to \infty, t) = T_0$,用于求解傅里叶方程:

$$\frac{\partial T}{\partial t} = \frac{k}{\rho c} \frac{\partial^2 T}{\partial z^2} \tag{4-1}$$

考虑初始条件和表面对流边界条件的形式为

$$T(z, 0) = T_o - k \frac{\partial T}{\partial z}\bigg|_{z=0} = h\big[T_g - T(0, t)\big] \tag{4-2}$$

流体与传热表面($z=0$)界面处的壁面温度和传热系数 h 之间的关系可以得到如下表达式:

$$\theta = \frac{T_{LC} - T_o}{T_g - T_o} = 1 - \exp\left(\frac{h^2 t_{LC}}{\rho c k}\right) \mathrm{erfc}\left(\frac{h \sqrt{t_{LC}}}{\sqrt{\rho c k}}\right) \tag{4-3}$$

式中:θ 是无量纲温度比;ρ、c 和 k 分别是模型的密度、比热容和热导率。知道每个像素的液晶测试时间,只要所有其他量都准确已知,就可以计算局部传热系数。但是,在大多数情况下,在主流温度下获得理想的阶跃变化非常困难甚至是不可能的。在这种情况下,利用 Duhamel 的叠加定理可以通过一系列理想的温度阶跃近似实际气体温度的变化,如下式所示:

$$T_{LC} - T_o = \sum_{i=1}^{N}\left[\Delta T_{g,(i, i-1)} \times \left[1 - \exp\left(h\sqrt{\frac{t_{LC} - t_i}{\rho c k}}\right)\exp\left(h^2 \frac{t_{LC} - t_i}{\rho c k}\right)\right]\right] \tag{4-4}$$

式中:ΔT_g 和 t_i 是从实验开始温度演变中获得的气体温度和时间变化。

液晶对温度的颜色响应非常快,响应时间大约为几毫秒。Ireland 等[7]指出,对于 $10 \sim 30\ \mu m$ 的液晶涂层,其值在 3 ms 和 10 ms 之间变化。此外,如 Vogel 等[9]所示,对于具有典型毕渥数($Bi \leqslant 1$)的平板而言,所确定的传热系数中的误差较小,并且半无限体假定可被认为是有效的,只要无量纲实验时间小于临界值:

$$\frac{\alpha t}{\delta^2} \leqslant \frac{1}{4} \tag{4-5}$$

式中：δ 是渗透深度；t 是实验的持续时间；α 是模型的热扩散率。

本章将对稳态测试和瞬态测试两个部分进行介绍。

4.1 稳态液晶热像传热测试技术简介

在应用稳态液晶传热测量技术进行传热测量时，通常是液晶和薄膜加热器配合使用。根据液晶与金属加热膜和壁面的相对位置关系[6]，通常采用一体式内部加热布置和一体式表面加热布置，如图 4-3 所示。在湍流传热系数的测量中，表面加热布置的方式应用更加广泛，以此为例进行实验原理说明。

扫码获彩图

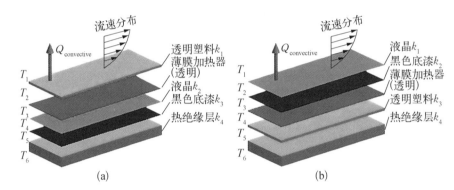

图 4-3　稳态液晶实验中薄膜加热器和液晶的布置方式

(a) 内部加热布置；(b) 表面加热布置

液晶热像提供局部的壁面温度数据，薄膜加热器提供均匀的壁面加热热流，从而可获得局部的传热系数场。该方法适用于较为平整的表面。图 4-4 为使用薄膜加热器的稳态液晶传热测量实验装置图[1]。

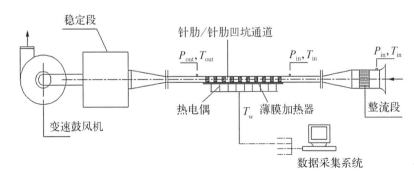

图 4-4　使用薄膜加热器的稳态液晶传热测量

一般地,传热系数 h 由下式定义:

$$h = \frac{q_w}{T_w - T_{aw}} \qquad (4-6)$$

式中: q_w 为热流率; T_w 为测试表面的温度; T_{aw} 为绝热壁面温度,对于外掠平板流动,可根据自由来流的温度定义。

而对于图 4-4 所示的测量方法,由于通道较为狭窄,测量段前后的空气温度略有变化,且在测试段,垂直与测试平板的圆柱面上也存在传热,故不能简单地使用自由来流温度来计算当地传热系数分布。使用以下公式计算测试平板的平均传热系数:

$$h = \frac{Q - Q_{loss}}{\Delta_{heat} \Delta T_{lm}} \qquad (4-7)$$

$$\Delta T_{lm} = \frac{(T_w - T_{in}) - (T_w - T_{out})}{\ln\left(\dfrac{T_w - T_{in}}{T_w - T_{out}}\right)} \qquad (4-8)$$

式中: Q 为薄膜加热器的总加热功率; Q_{loss} 为从试验段耗散到环境中的热流量; A_{heat} 为薄膜加热器的加热面积; ΔT_{lm} 为加热表面与空气的对数平均温差; T_w 为测试表面顶面的平均温度; T_{in} 与 T_{out} 分别为测试段进出口空气温度。

在稳态实验中,误差主要来自系统的测量误差,液晶测温的误差在 3.3 节中有具体分析,通过减小光源照射角度、较大的涂层厚度和改善制备方法等可以减小液晶测温时的误差。图 4-4 所示的实验中温度测量误差为 $\pm 0.2\ ℃$,净传热测量误差为 $\pm 3\%$,流量、长度和压力的最大测量误差分别为 $\pm 3\%$、$\pm 1\%$ 和 $\pm 1\%$。根据 Kline 和 Mcclintock 提出的标准误差分析方法[10], Re 和 Nu 的测量误差分别为 $\pm 2.5\%$ 和 $\pm 5.6\%$。

4.2　瞬态液晶热像传热测试技术简介

瞬态液晶传热测量技术建立在半无限大壁面假设的基础上,使用一维傅里叶热传导方程解析解对表面传热系数进行计算,是一种先进而高效的传热测量方法。其能够用于各种复杂的冷却结构表面,可以进行高精度的传热测量。

在瞬态液晶实验中,液晶变色的方式有两种,即主流加热壁面和主流冷却壁面。后者需要提前将壁面进行预热,为了让整个试验段处于一个均匀的温度场中,这个预热时间通常需要长达8～12 h。Baughn[6]介绍了4种采用预热方式进行瞬态液晶实验的方法,这4种方法分别为预热壁面法、试验段插入技术、外壳加热技术、均一涂层法。其中3种的具体结构如图4-5所示。预热壁面法,即预热壁面然后经由开关阀门通入主流;试验段插入技术,即通过设计机械结构,将预热的试验段迅速接入实验风洞中;外壳加热技术,是一种比试验段插入技术更为巧妙的方式,通过外壳诱导气流对试验件进行加热,加热过程完成后,迅速撤离外壳,开始实验步骤;均一涂层法的测试件为高热导率材料,在测试件上依次喷涂带有一定热阻的标准涂层、黑色底漆和液晶,均匀加热测试件至温度稳定后置于实验环境中。表面热通量可以通过流体温度、标准涂层温度及标准涂层热阻计算得到。

扫码获彩图

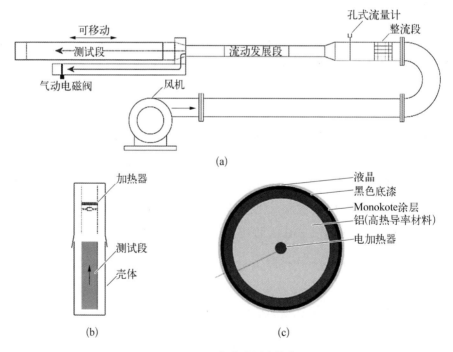

图 4-5　瞬态液晶测试技术

(a) 试验段插入技术;(b) 外壳加热技术;(c) 均一涂层法

使用瞬态测量技术时,最常见的方法为将来流气流温度瞬间提高,记录测试件温度场随时间的变化,通过一维半无限大壁面热传导方程瞬态求解得到局部传热系数场。一维半无限大壁面热传导方程如下式所示:

$$k\frac{\partial^2 T}{\partial x^2} = \rho c\frac{\partial T}{\partial t} \tag{4-9}$$

边界条件为

$$\begin{cases} t=0, & T=T_0 \\ x=0, & -k\frac{\partial T}{\partial t}=h(T_w-T_B) \\ x\to\infty, & T=T_0 \end{cases} \tag{4-10}$$

式中：T 为温度；T_0 为初始时刻壁面温度；T_w 为液晶热像测量时间 t 对应的壁面温度；T_B 为 t 时刻对应的气流温度；k、ρ 和 c 分别为固体壁面的导热系数、密度和比热容；h 为传热系数。

假设气流温度的升高为理想阶梯跃升,结合边界条件求解热传导方程可得对流边界上的无量纲温度场:

$$\frac{T_w-T_0}{T_B-T_0} = 1-\exp\left(h^2\frac{t}{k\rho c}\right)\mathrm{erfc}\left(h\sqrt{\frac{t}{k\rho c}}\right) \tag{4-11}$$

式中：erfc 为高斯误差函数。求解上式即可得到传热系数 h。

图 4-6 为进行瞬态液晶传热测量的实验系统示意图。实验中,通常难以做到气流温度理想阶梯跃升,此时可将这种渐变的温度变化用若干个小的阶梯跃升代替。使用 Duhamel 叠加理论,每个局部位置上的传热系数可由下式表示:

$$T_w-T_0 = \sum_{i=1}^{N}\left[1-\exp\left(h^2\frac{t-t_i}{k\rho c}\right)\mathrm{erfc}\left(h\sqrt{\frac{t-t_i}{k\rho c}}\right)\right](T_{B,i}-T_{B,i-1}) \tag{4-12}$$

式中：$T_{B,i}$ 为 t_i 时刻的气流温度。此式需迭代求解,最终可获得传热系数 h。

扫码获彩图

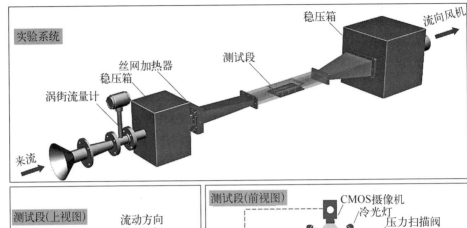

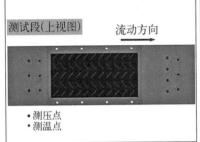

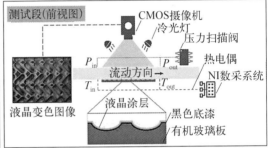

图 4‐6 瞬态液晶传热测量

4.3 多种液晶叠加热像传热测试技术

瞬态液晶技术的关键是得出液晶指示时间和壁面温度的对应关系。对于一个给定的像素,壁面温度和指示时间只有一种对应关系,液晶指示时间短会引起不确定度升高,而由于测试件模型材料热物理特性的限制,指示时间也不能过长。传热差异较大的测试结构给应用热色液晶测温技术带来了困难。

冲击射流是一个典型的例子,在驻点处传热明显高于壁面射流区域。图 4‐7 为 Terzis 等[11]采用的流场示意图,它包含了来自各种文献的局部努塞特数分布的实验数据。与雷诺数无关,滞止区的努塞特数比壁面射流区域高 4～6 倍 ($r/D > 5$)。因此,在单次实验中记录完整的冲击传热区域上的液晶信号是非常困难的。为了避免液晶不活动区域(无颜色变化)或非常短的指示时间,可以将外露区域分成几个不同部分,并且可以用不同的热色液晶或不同的流动温度进行各种实验。

扫码获彩图

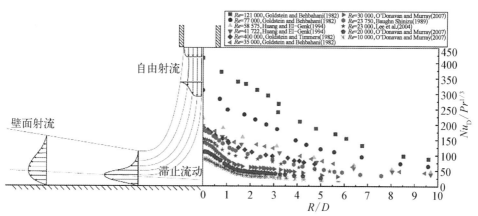

图 4‑7　**Terzis 采用的单个圆孔冲击射流的当地努塞特数分布**

该种类型实验可以使用覆盖不同温度范围的多种液晶涂层,只要其变色区间不重叠即可。单个实验中使用多种热色液晶可以提高测量精度,并且还能够为传热实验提供额外的信息。Talib 等[12]在考虑绿色通道的完整强度演变的条件下,应用 3 种窄带液晶的混合物和瞬态校准方法同时评估局部传热系数和绝热壁面温度;Waidmann 等[13]使用峰值检测方法和 5 种不同的液晶混合物来评估应用于涡轮叶片冷却的局部传热分布,他们还指出该方法可能用于测量非稳态传热区域的参数,然而,根据不同液晶计算得到的局部传热系数在相同位置相差了 30%。

对于使用热色液晶的瞬态传热实验,指示时间的范围通常为 2~90 s。如果涂料厚度未知,应当避免指示时间少于 2 s 的实验,因为它可能会导致严重的误差。对于单个液晶层,黑色涂料的厚度应该相对薄且低于 8~10 μm,以忽略其热响应特性。但是,当使用多种液晶层时,应考虑涂层的厚度,否则传热系数将被低估。在较短的指示时间、较高的无量纲温度(定义见前文)和较高的厚度处,这种低估是最严重的。此外,较长的检测时间、较薄的涂层和相对较低的无量纲温度可以减小涂料厚度的影响。但是,为了在假定一维半无限体的条件下确保有满足要求的不确定性,必须特别注意最大允许测量时间和最小可接受的无量纲温度。

以 Terzis 等[11]在 2016 年的冲击射流实验为例,冲击射流通常用于涡轮叶片冷却应用。该实验在狭窄的冲击通道中进行,通常用于涡轮叶片冷却应用。如图 4‑8 所示,将 35 ℃、38 ℃和 41 ℃的 3 种窄带宽液晶(1 ℃范围)分别涂在冷却腔的靶板上,并用集成式测厚仪测量涂层整体的厚度。之后,根据每种单独的液晶涂层实际厚度来隐式求解一维瞬态热传导方程。如图 4 - 9 所示,对于液晶的较短的指示时间(如 2 s),在无量纲温度很高(如 0.55)时和涂层相对厚时(如 30 μm),传热系数可能被低估达 15%。

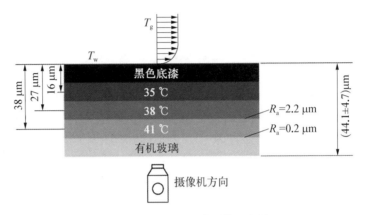

图 4 - 8　不同 TLC 涂层的示意图

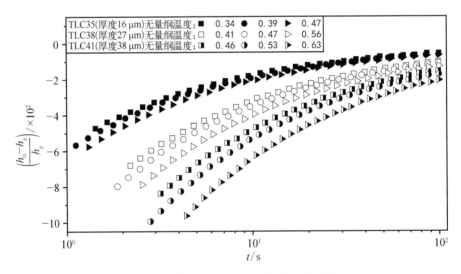

图 4 - 9　图层厚度对传热系数评估的影响

Schulz 等[14]利用涡流发生器和冲击射流 2 种实验装置研究了 3 种液晶同时应用的瞬态液晶实验,考虑了液晶的喷涂顺序和厚度。该研究的重点是涂层厚度对使用瞬态液晶技术评估传热系数的影响。使用 2 个单独的测试设施进行实验,从而允许评估不同的流动状态,即四面体形状的涡流发生器(记为 A)上的流动和来自在一排小孔内的冲击射流在低纵横比的窄冲击通道(记为 B)。此外,拥有不同指示温度的液晶被分层喷涂到测试表面,并准确测量涂层厚度。同时,研究了热色液晶层排序(按指示温度上升或下降排序)对传热系数的影响。研究分别基于通道水力直径和喷孔直径的雷诺数为 100 000(A)和 50 000(B)。

　　该实验中,在 2 个测试设备中使用不同指示温度的多个液晶,并使用空气刷技术将其应用于相应的测试表面。各种热色液晶以 2 种不同的顺序,即 ψ_I 降序和 ψ_{II} 升序(根据其指示温度排序)喷涂成多层。最后,如图 4 - 10 所示,液晶涂层被单层黑底漆覆盖。

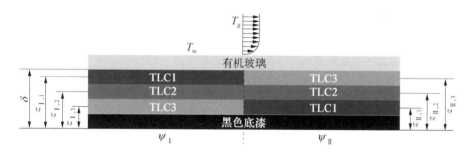

图 4 - 10　热色液晶层序列的图解

　　在涡流发生器实验装置(记作 A)中,在板的两侧都喷涂 3 种 Hallcrest 公司产的液晶(G30C1W、G35C1W、G40C1W)。在喷涂之前,将液晶与蒸馏水以 5∶1 的体积比混合。所有涂层的消耗总量约为 0.03 mL/cm²。热色液晶喷涂到一侧的顺序与另一侧相反。因此,在保持相同的实验条件下,通过该装置单次实验可以独立地研究热色液晶层的顺序-升序/降序-对结果的影响。

　　在冲击射流的实验装置(记作 B)中,冲击板以相同方式依次分层喷涂由 Hallcrest 公司生产的三种液晶(R35C1W、R38C1W、R41C1W)共三层。类似地,每个液晶层与蒸馏水以 3∶2 的体积比混合,并且所有液晶的混合物的量约为 0.025 mL/cm²。与平板实验不同的是,实施了相同条件下的 2 次实验来研究升序/降序对结果的影响。

　　在这 2 种装置下,都仔细测量包含了黑色底漆的总涂层厚度 δ。在涡流发生器实验下,总厚度以 ±10 μm 的精度进行机械测量,而在冲击实验中,使用集成测厚仪(Elcometer 456)(精度为 ±2 μm)。因此,在喷涂过程中同时喷涂具有与丙烯酸模型相似的表面粗糙度的抛光铜条。在涡流发生器实验中,测得的总厚度的面平均值在升序 ψ_{II} 和降序 ψ_I 下分别为 160 μm 和 120 μm;在冲击试验中,测得的总厚度的面平均值在升序ψ_{II}和降序ψ_{I}下分别为$25~\mu m$和$28~\mu m$。考虑到每层涂料,假设涂料等距离的层分离,可以估计出每个单独层厚度的平均值。基于这些涂层厚度,认定之后的液晶变色发生在每层的中截面,从而产生了表4-1中的厚度。图4-11所示为涡流发生器和冲击射流的单帧图像。

表4-1 两种液晶的相关参数

实验装置 A	$T_{g,max}/℃$	Θ	$\psi_{I}:z_{I}/\mu m(A_{TLC})$	$\psi_{II}:z_{II}/\mu m(B_{TLC})$
TLC1	30.49	0.26	105	60
TLC2	34.77	0.38	75	100
TLC3	39.76	0.52	45	140

实验装置 B	$T_{g,max}/℃$	Θ_1	Θ_2	$\psi_{I}:z_{II}/\mu m(A_{TLC})$	$\psi_{II}:z_{II}/\mu m(B_{TLC})$
TLC1	35.01	0.44	0.46	25	9.5
TLC2	38.29	0.52	0.54	17.5	15.3
TLC3	40.89	0.58	0.61	10.5	21.4

扫码获彩图

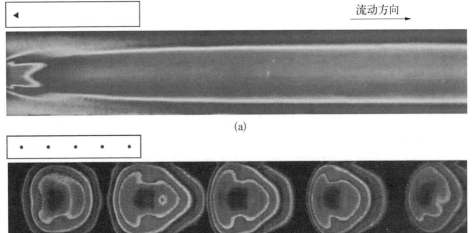

图4-11 涡流发生器和冲击射流的单帧图像

(a) 涡流发生器;(b) 冲击射流

每个单独的液晶子层的指示时间可以在像素大小水平上确定。图4-12给出了单个像素的归一化滤去噪声的绿色强度演变的图像。在这个过程中,同一个实验产生了三个不同的指示时间数据列(每种热色液晶一个)。将这些数据与实验中的局部温度信息一起导入数据分析过程中,可以评估局部传热系数。

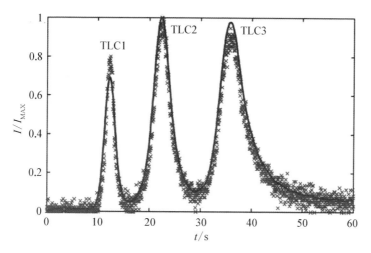

扫码获彩图

图 4‐12　单个像素的绿色强度演变

　　为了确保对实验数据的正确评估,有必要将绿色强度演变中的每个峰值正确地分配给相应的液晶。只要热通量沿着从最低指示温度(TLC1)到最高指示温度(TLC3)的方向穿透多个液晶层,并且两个指示之间的时间差大于录制帧速的倒数,液晶显示的顺序就能被预先知道。在此处(ψ_{II}),最靠近固液界面的热色液晶将首先指示,然后是中间层的热色液晶,最后是最接近有机玻璃的热色液晶。

　　在图 4‐13(a)～(d)中,展示了实验装置 A 和 B 中考虑到 ψ_I 和 ψ_{II} 的 TLC1 到 TLC3 横向传热系数平均值。在分析中没有考虑液晶涂层的厚度。通过对(a)、(b)中的两张图进行涡流发生器研究的比较,很容易辨别热色液晶喷涂顺序的影响。在图 4‐13(a)中,可以观察到 ψ_I 排序中传热结果的明显差异。因此,TLC1(即最低指示温度引发的较短指示时间)显示最低的传热系数,而 TLC3(即最高指示温度引发的较长指示时间)传热系数最高。

　　该传热实验表明,如果在液晶层上方喷涂黑色涂料或喷涂多个液晶层,在不考虑液晶厚度的条件下,传热系数可能被显著低估。更具体地说,传热系数受到涂层厚度的顺序和水平的影响。因此,当按照目前普遍采用的方式实施瞬态液晶实验时,考虑液晶喷涂厚度对于传热系数的影响是非常重要的。鉴于采用的是两个不同的测试设施,这个结论对于这两个实验都是明显且一致的,结论值得研究人员借鉴。

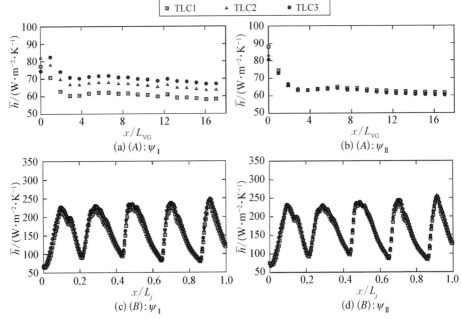

图 4 - 13　展向平均传热系数分布

(a)(b) 涡流发生器实验；(c)(d) 冲击射流实验

4.4　瞬态液晶热像传热测试中的误差分析

对瞬态液晶热像传热测试的误差分析结合 Xing 等[15]的实验来分析，实验采用了瞬态液晶热像传热测试技术研究了不同横流方案下平板和凹陷平板冲击传热的效果，实验装置如图 4 - 14 所示。

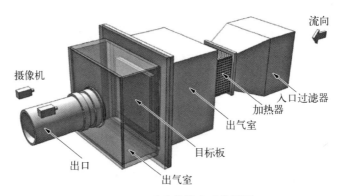

图 4 - 14　冲击传热实验装置图

该实验分析测量误差的方法是基于 Kline 等[10] 描述的方法，测得的传热系数的准确性主要基于热电偶的准确性、液晶的校准和测试时间。实验使用的窄带液晶测温的典型不确定度约为 0.1 ℃，热电偶测温误差低于 0.2 ℃。该实验中，传热系数的总测量不确定度低于 9%。

4.4.1　半无限大平板假设的成立条件

在瞬态液晶热像传热测试中，使用了半无限大平板假设，但一般实验板件均为有限厚度的，如此假设会带来一定的误差。在一般实验中，常使用温度渗透时间 τ 来判别是否可用半无限大平板假设。温度渗透时间的含义为实验板件的背面温度升高一定程度所需要的时间。假设实验板件的正面温度从 T_i 阶跃变化为 T_w，Schultz 等[16] 定义的温度渗透时间 τ 公式如下：

$$\tau = 0.10 d^2 \frac{\rho c}{k} \tag{4-13}$$

式中：d 为实验板件的厚度；ρ、c 和 k 分别为实验板件材料的密度、比热容和导热系数。

此式计算得到的温度渗透时间表示实验板件的背面温度提高 $0.01(T_i - T_w)$ 时所需的时间。若瞬态液晶传热测试的实验时间 $t < \tau$，则认为半无限大平板假设是成立的。

4.4.2　当绝热壁面温度 T_{aw} 已知时传热系数 h 的不确定度

参照 Yan 等[17] 提出的分析方法，传热系数 h 采用如下公式定义：

$$h = \frac{q}{T_w - T_{aw}} \tag{4-14}$$

式中：q 为实验板件表面到流体的热流率；T_w 为实验板件表面的温度；T_{aw} 为绝热壁面温度。通常 T_{aw} 已知，如在外掠平板的实验中，T_{aw} 可假定为与自由来流总温相等。若 T_{aw} 未知，可以由实验得出。此处，先考虑 T_{aw} 已知的情况。

若已知实验板件在 $t = 0$ 时刻的初始温度 T_i，以及在 t 时刻的温度 T_w，则即可计算出传热系数 h。定义无量纲温度 Θ：

$$\Theta = \frac{\theta_w}{\theta_{aw}} \tag{4-15}$$

式中：$\theta_w = T_w - T_i$，$\theta_{aw} = T_{aw} - T_i$。

对于流体温度为阶梯跃升的半无限大平板问题，则可得到解：

$$\Theta = f(\alpha) = 1 - e^{\alpha^2} \text{erfc}(\alpha) \tag{4-16}$$

其中，α 为无量纲传热系数，其定义为

$$\alpha = h\sqrt{\frac{t}{\kappa}} \tag{4-17}$$

$$\kappa = \rho c k \tag{4-18}$$

从实验中得到无量纲温度 Θ，即可求解无量纲传热系数 α，从而求出传热系数 h。

对于一般瞬态液晶热像实验，T_{aw} 和 T_i 都是确定的，故只有 T_w 影响测量的精度。对于瞬态液晶热像实验，T_w 即为热色液晶的响应温度，通过选择合适的热色液晶型号，可以使测量不确定度最小。

使用不确定度传递原理，假设 T_w、T_i 与 T_{aw} 之间均相互独立，则可得不确定度 P_α 与 P_Θ 为

$$P_\alpha^2 = \left(\frac{\mathrm{d}\alpha}{\mathrm{d}\Theta}\right)^2 P_\Theta^2 \tag{4-19}$$

$$P_\Theta^2 = \left(\frac{\partial \Theta}{\partial T_w}\right)^2 P_{T_w}^2 + \left(\frac{\partial \Theta}{\partial T_i}\right)^2 P_{T_i}^2 + \left(\frac{\partial \Theta}{\partial T_{aw}}\right)^2 P_{T_{aw}}^2 \tag{4-20}$$

代入各变量的定义式，则得

$$\left(\frac{P_\alpha}{\alpha}\right)^2 = \left(\frac{1}{\alpha f'(\alpha)}\right)^2 \left\{ \left(\frac{P_{T_w}}{\theta_{aw}}\right)^2 + [1 - f(\alpha)]^2 \left(\frac{P_{T_i}}{\theta_{aw}}\right)^2 + f^2(\alpha) \left(\frac{P_{T_{aw}}}{\theta_{aw}}\right)^2 \right\} \tag{4-21}$$

$$f'(\alpha) = \frac{\mathrm{d}f}{\mathrm{d}\alpha} = 2\{\alpha[f(\alpha) - 1] + \pi^{-\frac{1}{2}}\} \tag{4-22}$$

而对于传热系数 h，其不确定度为

$$\left(\frac{P_h}{h}\right)^2 = \left(\frac{P_\alpha}{\alpha}\right)^2 + \left(\frac{1}{2}\frac{P_t}{t}\right)^2 + \left(\frac{1}{2}\frac{P_\kappa}{\kappa}\right)^2 \tag{4-23}$$

为简化分析,假设 t 和 κ 的不确定度相对 h 都可忽略,且 T_{w}、T_{i} 与 T_{aw} 的不确定度相等,均为 P_T,则上式可简化为

$$\left(\frac{P_h}{h}\right) = \Phi_h\left(\frac{P_T}{\theta_{\mathrm{aw}}}\right) \tag{4-24}$$

其中,Φ_h 可视为一个从 T 到 h 的不确定度放大系数,其定义为

$$\Phi_h = \frac{\sqrt{2\left[1 - f(\alpha) + f^2(\alpha)\right]}}{\alpha f'(\alpha)} \tag{4-25}$$

由于 α 由 Θ 决定,故可得到 Φ_h 与 Θ 之间的关系,将其绘制为曲线图,如图 4-15 所示。从图 4-15 中可以得出,当 Φ_h 取最小值(约为 4.4)时,Θ 约为 0.52,且在理想点附近 Φ_h 的变化较为平缓,并且 $0.3 < \Theta < 0.7$ 时,$\Phi_h \leqslant 5$,在一般实验中可使用此范围对热色液晶进行选型。在实验和数值模拟中,使用 Φ_h 可以很方便地由温度的不确定度计算传热系数 h 的不确定度。

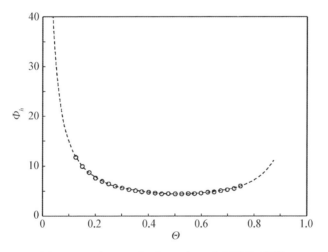

图 4-15　当 T_{aw} 已知时,Φ_h 与 Θ 之间的关系[17]

下面给出三个不确定度测算的例子供参考。

万超一[18]采用瞬态热色液晶实验针对冲击冷却进行了测定,靶板为光滑靶面,冲击间距比 H/D 为 1.5,来流雷诺数 Re 为 30 000。试验中各参数及误差范围如表 4-2 所示,经计算得到的不确定度云图如图 4-16(b)所示。图 4-16 展示了试验结果及误差分布,可以发现,高传热区的指示时间较短,不确定度较大。

表 4-2 实验参数及误差范围

参　数	T_w/K	T_{aw}/K	T_i/K	$\rho/(kg \cdot m^{-3})$	$c/(J \cdot kg^{-1} \cdot K^{-1})$	$k/(W \cdot m^{-1} \cdot K^{-1})$	T/s
取　值	矩阵	矩阵	291.5	1 190	1 500	0.2	—
误差范围	±0.1	±0.1	±0.1	±10	±20	±0.01	±0.2

扫码获彩图

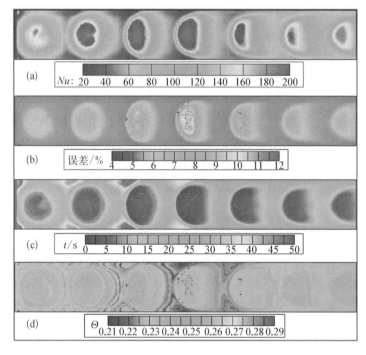

图 4-16 试验结果及误差

(a) 测试表面 Nu 分布；(b) 传热系数的相对误差；(c) 液晶指示时间；(d) 无量纲温度比分布

Terzis[19]对光滑靶板的冲击冷却进行了不确定度分析。他的研究中共有三种不同水平的传热系数，分别为 65 W/(m² · K)、125 W/(m² · K)和 300 W/(m² · K)，关于传热系数 h 的不确定度可以由式(4-26)并结合表 4-3 中的参数进行计算，实验中传热系数 h 的不确定度分别为 8.6%、9.2% 和 11.8%。

$$P_h^2 = \left(\frac{dh}{d\theta}\right)^2 \left[\left(\frac{d\theta}{dT_w}P_{T_w}\right)^2 + \left(\frac{d\theta}{dT_i}P_{T_i}\right)^2 + \left(\frac{d\theta}{dT_{aw}}P_{T_{aw}}\right)^2\right] + \\ h^2\left[\left(\frac{P_{\rho ck}}{2\rho ck}\right)^2 + \left(\frac{P_t}{2t}\right)^2\right]$$

(4-26)

图 4 - 17 展示了传热表面不确定度分布/展向平均不确定度及表面平均不确定度与雷诺数的关系。其中 Θ 为无量纲温度。可以发现,传热较强的位置液晶变色较快,不确定度水平较高。在高雷诺数下,为了保证实验指示时间基本一致,使得驱动温差降低,引起不确定度的升高。

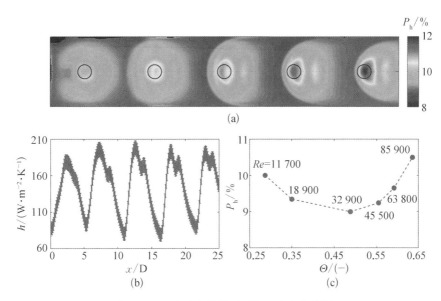

图 4 - 17　实验中传热系数的不确定度分析

(a) 传热表面不确定度分布($\Theta=0.48$);(b) 展向平均传热系数及不确定度($\Theta=0.48$);(c) 表面平均不确定度

表 4 - 3　实验参数及误差范围

参　　数	T_i	T_{aw}	T_w	$\rho c k$	t
单　位	K	K	K	$W\sqrt{s}/(m^2 \cdot K)$	s
取　值	22.3	56.4	38.7	576	34.4
误差范围	±0.16	±0.43	±0.12	±29	±0.1

Luan 等[20]通过瞬态热色液晶实验对三通道旋流冷却表面进行了不确定度的测定,如表 4 - 4 所示。图 4 - 18 中展示了区域 4 和区域 6 的变色时间和不确定度,其中区域 4 代表高传热区域,区域 6 代表低传热区域。可以发现,传热系数在较高传热的区域内不确定度更高,而该区域的液晶变色时间更短。

表 4‑4 实验参数、取值范围及误差

参　数	单　位	数　值	误　差
Re	—	$50 \sim 200$	2.24%
T_w	℃	$24 \sim 38$	± 0.5℃
T_{aw}	℃	$24 \sim 60$	± 0.5℃
ρ	kg/m³	1 190	0.8%
c	J/(kg·K)	1 464	0.7%
k	W/(m·K)	0.19	5.3%

扫码获彩图

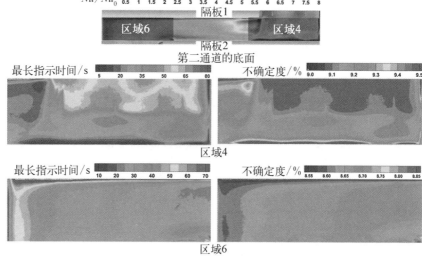

图 4‑18 测试表面不确定度及指示时间

4.4.3 当绝热壁面温度 T_{aw} 未知时传热系数 h 和 T_{aw} 的不确定度

当 T_{aw} 未知时,所求变量为 T_{aw} 与 h 两个,故需使用 2 种响应温度不同的热色液晶进行测量。定义它们的响应温度分别为 T_{w1} 与 T_{w2},响应时间分别为 t_1 与 t_2。仍使用前一节对 Θ 的定义,得到 Θ_1 与 Θ_2,有

$$\frac{\theta_1}{\theta_2} = \frac{T_{w1} - T_i}{T_{w2} - T_i} = \frac{f(\alpha_1)}{f(\alpha_2)} \tag{4-27}$$

式中: $\alpha_1 = h \sqrt{\dfrac{t_1}{\kappa}}$, $\alpha_2 = h \sqrt{\dfrac{t_2}{\kappa}}$ 。

　　由实验可得到 Θ_1 与 Θ_2，则可解出 h 与 T_{aw}，根据不确定度传递公式，可以得到

$$\left(\frac{P_h}{h}\right)^2 = (\Phi_1^{-1} - \Phi_2^{-1})^{-2}\left[\Theta_1^{-2}\left(\frac{P_{Tw1}}{\theta_{aw}}\right)^2 + \Theta_2^{-2}\left(\frac{P_{Tw2}}{\theta_{aw}}\right)^2 + \right.$$
$$\left. (\Theta_1^{-1} - \Theta_2^{-1})^2\left(\frac{P_{Ti}}{\theta_{aw}}\right)^2\right] \tag{4-28}$$

$$\left(\frac{P_{Taw}}{\theta_{aw}}\right)^2 = (\Theta_2 - \Theta_1)^{-2}\left\{\Phi_1^2\Theta_1^{-2}\left(\frac{P_{Tw1}}{\theta_{aw}}\right)^2 + \Phi_2^2\Theta_2^{-2}\left(\frac{P_{Tw2}}{\theta_{aw}}\right)^2 + \right.$$
$$\left. [\Phi_2(\Theta_2^{-1} - 1) - \Phi_1(\Theta_1^{-1} - 1)]^2\left(\frac{P_{Ti}}{\theta_{aw}}\right)^2\right\} \tag{4-29}$$

式中：$\Phi_1 = \dfrac{f(\alpha_1)}{\alpha_1 f'(\alpha_1)}$，$\Phi_2 = \dfrac{f(\alpha_2)}{\alpha_2 f'(\alpha_2)}$。

　　为简化分析，假设 T_{w1}、T_{w2} 与 T_i 的不确定度相等，均为 P_T，则上述两式可简化为

$$\frac{P_h}{h} = \Phi_h \frac{P_T}{\theta_{aw}} \tag{4-30}$$

$$\frac{P_{Taw}}{\theta_{aw}} = \Phi_{Taw} \frac{P_T}{\theta_{aw}} \tag{4-31}$$

其中，Φ_h 和 Φ_{Taw} 可视为从 T 到 h 和 T_{aw} 的不确定度放大系数，定义为

$$\Phi_h = \sqrt{2(\Phi_1^{-1} - \Phi_2^{-1})^{-2}(\Theta_1^{-2} + \Theta_2^{-2} - \Theta_1^{-1}\Theta_2^{-1})} \tag{4-32}$$

$$\Phi_{Taw} = |\Phi_2 - \Phi_1|^{-1}\sqrt{\Phi_1^2\Theta_1^{-2} + \Phi_2^2\Theta_2^{-2} + [\Phi_2(\Theta_2^{-1} - 1) - \Phi_1(\Theta_1^{-1} - 1)]^2} \tag{4-33}$$

　　将 Φ_h 与 Θ_1、Θ_2 的关系绘制为图像，如图 4-19 所示。可以从图中得知，Θ_2 越大，Φ_h 越小。为了减小 h 的不确定度，Θ_2 应越大越好。当 Θ_2 一定，$\Theta_1 \approx 0.52\Theta_2$ 时，Φ_h 最小。

　　另外，值得一提的是，在图 4-19 中还可得出，当 Θ_2 趋向于 1 时，Φ_h 对 Θ_1 的变化越来越不敏感，当 Θ_2 接近 1 时，Φ_h 与 Θ_1 的关系与 T_{aw} 已知时类似。Θ_1 与 Θ_2 的选择将极大地影响 Φ_h 的大小，选择不正确的 Θ_1 与 Θ_2 将导致 h 的不确定度很大。

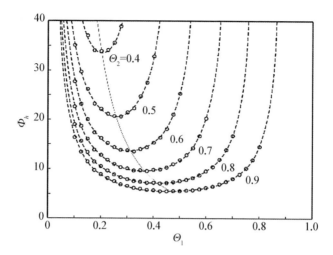

图 4 - 19　当 T_{aw} 未知时,Φ_h 与 Θ_1、Θ_2 之间的关系[17]

　　类似地,将 $\Phi_{T_{aw}}$ 与 Θ_1、Θ_2 的关系也绘制为图像,如图 4 - 20 所示。从图中也可以看出,$\Phi_{T_{aw}}$ 与 Θ_1、Θ_2 的关系同 Φ_h 与 Θ_1、Θ_2 的关系类似,但相对 Φ_h,$\Phi_{T_{aw}}$ 对 Θ_1 更加不敏感,特别是当 Θ_2 趋近于 1 时,Θ_1 可以在很宽的范围内选择。当 Θ_2 一定,$\Theta_1 \approx 0.48\Theta_2$ 时,$\Phi_{T_{aw}}$ 最小。

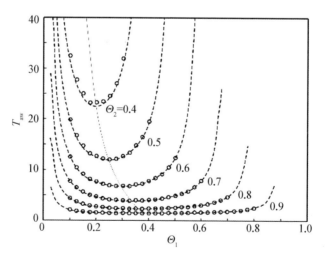

图 4 - 20　当 T_{aw} 未知时,$\Phi_{T_{aw}}$ 与 Θ_1、Θ_2 之间的关系[17]

　　故可以得出,在 T_{aw} 未知的实验中,Θ_2 应在允许范围内取最大,并使 $\Theta_1 \approx 0.5\Theta_2$,此时测量 h 和 T_{aw} 的不确定度将最小,但需注意 Θ_2 会受到总实验时长 t 的限制。此外,此结论仅在 T_{w1}、T_{w2} 与 T_i 的不确定度相等时才成立。

参考文献

[1] Hippensteele S A, Russell L M. High-resolution liquid-crystal heat-transfer measurements on the end wall of a turbine passage with variations in reynolds number [J]. NASA STi/Recon Technical Report N, 1988, 89: 18664.

[2] Sabatino D R, Praisner T J. The colors of turbulence[J]. Physics of Fluids, 1998, 10 (9): S8.

[3] Park H G. A study of heat transport processes in the wake of a stationary and oscillating circular cylinder using digital particle image velocimetry/thermometry[D]. Los Angeles, California: California Institute of Technology, 1998.

[4] Smith C R, Sabatino D R, Praisner T J. Temperature sensing with thermochromic liquid crystals[J]. Experiments in Fluids, 2001, 30(2): 190 - 201.

[5] Hippensteele S, Poinsatte P. Transient liquid-crystal technique used to produce high-resolution convective heat-transfer-coefficient maps[J]. ASME Visualization of Heat Transfer Processes, 1993, HTD - 252: 13 - 21.

[6] Baughn J W. Liquid crystal methods for studying turbulent heat transfer [J]. International Journal of Heat and Fluid Flow, 1995, 16(5): 365 - 375.

[7] Ireland P T, Jones T V. Liquid crystal measurements of heat transfer and surface shear stress[J]. Measurement Science and Technology, 2000, 11(7): 969 - 986.

[8] Srinath V E, Je-Chin H. A transient liquid crystal thermography technique for gas turbine heat transfer measurements[J]. Measurement Science and Technology, 2000, 11 (7): 957 - 968.

[9] Vogel G, Weigand B. A new evaluation method for transient liquid crystal experiments [C]//American Society of Mechanical Engineers. Proceedings of the National Heat Transfer Conference, Anaheim, California, 2001.

[10] Kline S, Mcclintock F. Describing uncertainties in single-sample experiments[J]. Journal of Mechanical Engineering, 1953, 75: 3 - 8.

[11] Terzis A, Bontitsopoulos S, Ott P, et al. Improved accuracy in jet impingement heat transfer experiments considering the layer thicknesses of a triple thermochromic liquid crystal coating[J]. Journal of Turbomachinery, 2015, 138(2): 1 - 10.

[12] Talib A R A, Neely A J, Ireland P T, et al. A novel liquid crystal image processing technique using multiple gas temperature steps to determine heat transfer coefficient distribution and adiabatic wall temperature[J]. Journal of Turbomachinery-Transactions of the ASME, 2004, 126: 587 - 596.

[13] Waidmann C, Poser R, Von Wolfersdorf J. Application of thermochromic liquid crystal mixtures for transient heat transfer measurements [C]//Lappeenranta, Finland: European Turbomachinery Society. Proceedings of 10th European Conference on Turbomachinery Fluid Dynamics & Thermodynamics, 2013.

[14] Schulz S, Brack S, Terzis A, et al. On the effects of coating thickness in transient heat

transfer experiments using thermochromic liquid crystals[J]. Experimental Thermal and Fluid Science, 2016, 70: 196 - 207.

[15] Xing Y, Weigand B. Experimental investigation of impingement heat transfer on a flat and dimpled plate with different crossflow schemes[J]. International Journal of Heat and Mass Transfer, 2010, 53(19): 3874 - 3886.

[16] Schultz D L, Jones T V. Heat-transfer measurements in short-duration hypersonic facilities[J]. AGARDograph, 1973, 165: 4 - 8.

[17] Yan Y, Owen J M. Uncertainties in transient heat transfer measurements with liquid crystal[J]. International Journal of Heat and Fluid Flow, 2002, 23(1): 29 - 35.

[18] 万超一.先进结构化表面冲击对流冷却技术研究[D].上海：上海交通大学,2016.

[19] Alexandros T. Detailed heat transfer distributions of narrow impingement channels for cast-in turbine airfoils [D]. Switzerland, Lausanne: Swiss Federal Institute of Technology Lausanne, 2014.

[20] Luan Y, Rao Y, Wang K, et al. Experimental and numerical study of heat transfer and pressure loss in a swirl multi-pass channel with convergent jet slots[J]. Journal of Turbomachinery, 2022, 144(7): 071006.

第 *5* 章

液晶热像在复杂流动
传热测试中的应用

本章将介绍更多液晶热像在实际工作中的应用案例。液晶热像测试技术可广泛用于复杂的不规则形状表面,且测试精度高,故在涡轮叶片内部冷却、气膜冷却等方面的应用较多。此外,还将介绍液晶热像技术对剪应力和流动转捩的测量等其他方面的应用。

5.1 液晶热像技术表征近壁面流动与传热之间的相互作用关系

在流动与传热问题中,通常采用 PIV 技术来获得流场中的流动细节,但是流动结构与传热分布通常存在着强烈的相关性。图 5-1[1]是一个流动与传热的

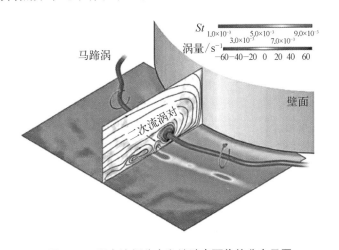

扫码获彩图

图 5-1 瞬态流场分布和端壁表面传热分布云图

三维复合图像,由瞬态涡量、流线(PIV 测量)和瞬态的传热分布图像(TLC 测量)叠加而成。实验结果清楚地揭示了高传热区域在二次涡流的附近,并且二次涡流在马蹄涡的上游生成。上述的结果还表明,基于传热与流动的强烈相关性,可以借端壁表面的空间传热分布来推断出端壁附近的流动形态,这种方法可以间接测量近壁流场。

Ochoa 等[2]基于液晶热像技术测量了震荡流动状态下的瞬态传热和表面流动结构形态。实验中使用了低热导率的平板,上层涂覆一层液晶,加热的热源使用的是红外辐射。测量基板上的传热系数是通过基板上的温度演变获得,并通过视频记录下来。同时,这些表面温度波动是由涡流脱落等动态流动行为引起的局部传热系数变化驱动的,因此表面传热系数和流动形态有着潜在的对应关系。视频图像提供了随时间变化的传热系数分布,并将随时间变化的表面流动可视化。

图 5-2 显示了横流条件下 5 cm 圆柱体下游表面上三幅连续图像的色调值分布。这些测试条件下的斯特劳哈尔数表明,脱落频率约为 40 Hz,该值过高导致无法用当前帧速率捕获。但是,这些图像确实显示了帧与帧之间的明显波动,

扫码获彩图

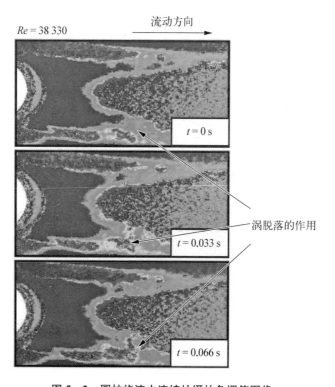

图 5-2　圆柱绕流中连续拍摄的色调值图像

说明了连续的液晶图像具有表现流场动态行为的能力。实验中,整个表面被施加了均匀的热通量,气流从左向右流动。突出的扰流柱对气流起着钝体的作用,在扰流柱的尾迹区冷却能力降低。由于传热系数较低,流体带走的热量更少,扰流柱后面的蓝色区域表示壁面温度较高。

Terzis 等[3]通过瞬态液晶热像实验获得了高空间分辨率的表面传热系数分布图像,并且将努塞特数结果进行二次处理后发现,在传热关联式 Nu_x - Re_{xm} 中,当地传热图像中指数 m 的分布规律与边界层结构特征有着直接的关联。这一结论在油膜实验中获得很好的证实。

基于表面传热分布来获得近壁流动结构的实验方法包括三个步骤:① 通过高精度的瞬态液晶实验获得多个相近流动状态(雷诺数)下的传热分布云图;② 基于下列方程和多组雷诺数、努塞特数数据获得 C 和 m;③ 最后通过数学处理提取方程的 m,绘制指数 m 云图。

$$\frac{Nu_d}{Pr^{\frac{1}{3}}} = C Re_d^m \tag{5-1}$$

实验雷诺数 Re 范围为 $19\,900 \sim 42\,700$,主流速度范围为 $6.4 \sim 13.3\ \mathrm{m/s}$。如图 5-3 所示,基于瞬态液晶热像技术获得的壁面传热系数分布具有极高的空间分辨率。马蹄涡强化了涡流发生器前缘的传热,在涡流发生器的后部,由于主流

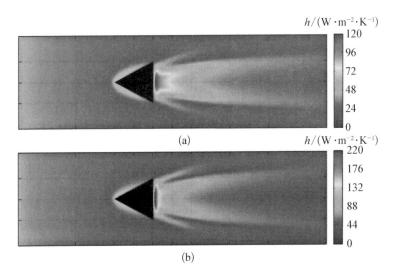

扫码获彩图

图 5-3　两种流速下传热系数的表面云图

(a) $U_\infty = 6.4\ \mathrm{m/s}$, $Re_d = 19\,900$;(b) $U_\infty = 13.3\ \mathrm{m/s}$, $Re_d = 42\,700$

涡的下洗,涡流发生器的后部处产生了极强的传热。涡流发生器之后,强化传热的区域呈现 4 个枞状。由于主流涡系向下游传播。最显著的两个强化传热区域一直延伸。此外,在主流涡系的两侧还有 2 个小的枞状强传热区域。

如图 5-4 所示,一个非常有趣的现象是指数 m 的分布规律与传热系数有着明显不同的分布规律。这里假设边界层的结构以当地的 m 为特征,那么图 5-4(b)实际上就通过传热实验展示了一种流动可视化的图像。可以看到,指数 m 的图像中,可以清楚地识别所有的涡系结构,这些涡系结构包括了涡流发生器上游的马蹄涡,涡流发生器两侧的二次流涡系,以及最主要的两个反向旋转的纵向涡。

由于指数 m 和 h 分布之间存在显著差异,油流可视化地展现了流动轨迹。油流的分布也归因于局部剪应力的大小,该剪应力根据近壁位置的流动条件改变油膜的厚度和均匀性。显然地,通过图 5-4(b)和(c)之间的比较表明, m 的空间分布与流动可视化实验之间有很强的相似性。

扫码获彩图

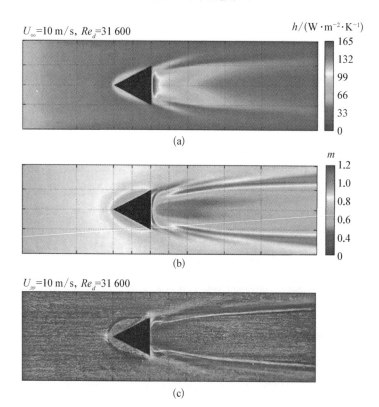

图 5-4 指数 m 分布于传热系数和油流可视化结果的对比

(a) 传热系数分布;(b) 指数 m 分布($10 \text{ m/s} < U_\infty < 13.3 \text{ m/s}$);(c) 流动可视化

为了对涡流发生器的结论进行进一步的拓展验证,Terzis 等进一步对圆柱扰流柱和三角扰流柱进行了瞬态液晶热像的实验研究和油流可视化实验研究,结果如图 5-5 所示。与涡流发生器类似,圆柱体和三角形的传热系数和指数 m 的空间分布是不同的。正如预期的那样,指数 m 分布提供了非常接近壁面的流动拓扑的更好近似值,因为马蹄涡、每个物体尾迹处的回流区和沿流向移动的两个纵向涡与两个物体的油流可视化非常一致。因此,指数 m 的空间变化和通过油流表面可视化获得的流动拓扑在性质上十分相似。

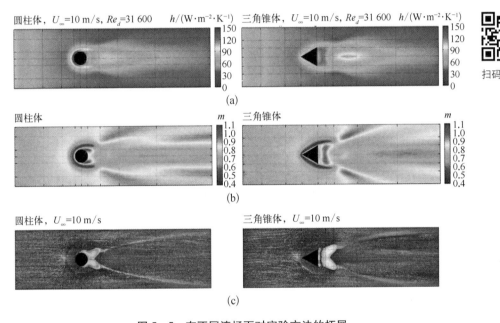

扫码获彩图

图 5-5　在不同流场下对实验方法的拓展
(a) 传热系数分布;(b) 指数 m 分布($10\,\mathrm{m/s}<U_\infty<13.3\,\mathrm{m/s}$);(c) 流动可视化

Terzis 等[4]将基于传热实验获得近壁流动结构的方法拓展到了流动更加复杂的多射流冲击冷却中。图 5-6 比较了从时间平均传热系数 h 分布获得的局部指数 m 分布与通过时间平均的 POD 过滤图像显示的靠近壁面的流体流动拓扑结果。需要注意的是,流场测量是在 $Re_d=27\,500$ 时进行的,指数 m 的有效范围为 $Re_d=14\,700\sim45\,000$。通过指数 m 的分布可以清晰地捕捉上游边界层的发展情况,在上游区域,指数 m 从 0.6 单调增加到 0.7。随后受到上游旋涡的影响,指数 m 呈马蹄形分布。然而,与传热系数图像相反,由于 m 的分布在涡流下方达到局部最大值,即最大剪应力的位置,因此涡流中心的识别更加精确。漩

涡的上洗流和下洗流区域的 m 都较低,与漩涡结构附近的典型壁面剪应力水平一致。因此,射流旋涡的上洗流分支可以很容易地确定为指数 m 约为 0.5 的区域。当上游涡流包围射流时,旋涡的上洗流以某种方式减弱,而涡中心(局部最大值 m)更明显,同时上洗涡流强度的减弱使得 m 分布从 0.65 增加到 0.8,并且尺寸变宽。此外,值得注意的是,在驻点处的指数 m 约为 0.6,高于典型层流水平,因此低速区域(驻点气泡)很容易被探测到。这是气流试图绕过高压区,最终冲击射流势核心周围的直接结果。当边界层在通道中心线和射流下游发展时,预计指数 m 会增加,然后略有降低,最终再次增加,以发展壁面射流区域。

扫码获彩图

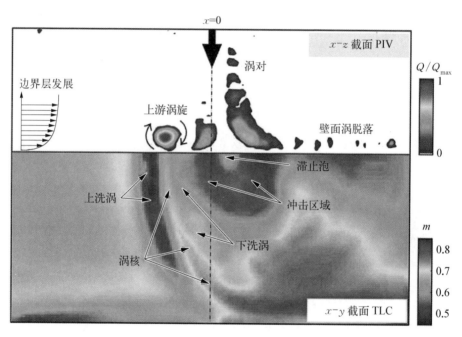

图 5 - 6　流场($Re=27\,500$)和指数 m($Re=14\,700 \sim 45\,000$)分布

5.2　流体温度场测量与流场显示

在过去 10 年中,热色液晶以及相匹配的数字图像处理技术已成功地应用于非侵入性测量技术和工业生产中。在科学研究中,热色液晶的应用有利于理解流动结构,不仅可以帮助发现使用传统点测量技术难以辨别的整体物理场的分布规律,还可以帮助验证数值模拟结果,实验与数值模拟的差异通常源于对数值

模型的简化处理。

将 TLC 涂层覆于研究表面可以获得稳态或瞬态过程的详细温度分布和传热速率。热像液晶还可以用来显示液体中的温度场和速度场,方法很简单但通常需要一定的实践经验,需将液晶材料以极少的量直接混合到液体(水、甘油、乙二醇或硅油)中,用作热和流体中的示踪剂,然后结合数字图像处理技术,便可获得流场中二维平面的速度场和温度场分布。最早由 Rhee 等[5]实施了该实验,并进行了流场和温度场的观测。Dabiri 等[6]首先对液体中的 TLC 进行了定量温度测量。

在进行流体温度测量时,分散到液体中的液晶材料,不仅可以成为流动可视化的示踪剂,还同时成为监测局部流体温度的小型温度计。通常使用的液晶材料是经过有机胶囊封装后的液晶胶囊悬浮液,在使用前需要注意一些额外的事项。

1) 液晶胶囊溶液的使用

首先,液晶粒子需要在待测流场中处于悬浮状态,因此需要选择密度接近 TLC 密度($1.1 \sim 1.2 \ \mathrm{g/mL}$)且不会化学腐蚀 TLC 聚合物外壳的工作介质。水或水与甘油的混合物通常用作工作液体。

其次,液体中 TLC 的理想浓度取决于照明类型、测量深度和其他因素。在拍摄时由于受到干扰反射的影响,液晶浓度过高导致低信号-色调比,而浓度过低则会导致空间分辨率降低。

液晶颗粒直径的选择取决于放大率、摄像机的光学分辨率和片光源的大小。需要注意的是,小直径的 TLC 具有更好的热响应特性,而较大直径的 TLC 可以反射更多的光。

2) 照明

在实验中需要使用准直白光源照亮选定的流截面,并在垂直方向上获取彩色图像。这种实验布置类似于经典 PIV 实验中使用的光源策略,但是需要白光才能从 TLC 粒子中获得选定颜色的折射。

因此,最适合 TLC 照明的是白光,而应避免红外线和紫外线辐射。特别是在具有高时间分辨率的微型应用中,需要强光源,这可能导致光子通过背景吸收,从而导致额外的热量输入。没有红外线和紫外线辐射的脉冲光源可以最大限度地减少这种影响。此外,摄像机和照明轴之间的角度会影响反射特性。同时,也应避免不均匀的照明。

3）摄像机角度

TLC 折射光的颜色不仅取决于温度，还取决于观察角度。这种关系与视角倾斜角度呈线性关系，摄像机视角每倾斜 10°采集温度变化 0.07 ℃。因此，想要使液晶粒子在示温过程中良好的工作，所研究的流体需要由良好的平面光照亮，并且照明平面（光片平面）和摄像机之间的角度是固定的，镜头的视角要小。在典型的实验中，使用 50 mm 的镜头和 8.5 mm 的传感器在 90°时拍摄流动图像，即摄像机视角小于 4°。

4）图像处理

基于液晶粒子进行温度场测量时，需要将获取的 RGB 图像转换为 HSI 图像，并获取强度信息以检测粒子。在此之前，可以通过背景减法和低通滤波等经典图像操作对强度图像进行预处理，以提高实验效果。检测粒子可以通过阈值滤波器或局部最大值的估计来完成。

以液晶粒子作为示踪粒子，运用 PIV 技术测量二维速度矢量分布时，需要分析在片光源平面上观察到的散射粒子的运动状态。为此，需要将 TLC 示踪剂的彩色图像转换为黑白图像。在不同拍摄序列的图像之间执行互相关分析，使得实验在低速和高速流动区域保持相似的精度。

流场中局部的温度分布需要利用 HSI 图像中粒子的位置及其对应的色调值，并使用相应的液晶校准后拟合的校准多项式来计算与位置相关的温度。通常，TLC 的色调值以及计算出的温度都会受到误差的影响。为了增强测量结果，必须对色调值进行后处理。一种方法是进行时间平均，在不同时间拍摄同一区域的几张照片。因此，所研究的流场必须是时间无关的。减少色调值偏差的另一种方法是图像的局部滤波。常用滤波器是均值滤波器、高斯滤波器和中值滤波器，需要注意的是滤波会导致分辨率下降。

5）液晶校准

色调（色度）代表颜色的主要波长，即直接取决于 TLC 温度。通过标定实验将色调值与温度关联成校准函数来确定局部的温度。然而，色调值-温度关系是强非线性的，如图 5-7 所示。因此，测量温度的准确度取决于色调（颜色）值。对于通常使用的液晶，其绝对精度在低温（红色至绿色范围）下为 0.15～1 ℃，在高温（蓝色范围）下为 0.5～1 ℃。最敏感的区域是从红色到绿色的颜色转变，它发生在温度变化小于 1 ℃ 的情况下。为了提高温度测量的准确性，一些实验使用多达 4 种不同类型的 TLC 重复了测量，以便它们的组合颜色显示范围能够覆盖更大的温度范围。

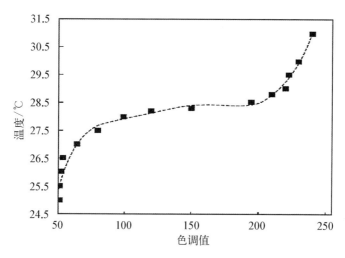

图 5 - 7   用六次多项式拟合得到的标定曲线与实验点

6) 液晶测量流场温度的其他问题

与固体表面温度测量相比,将 TLC 用作液体中的稀释悬浮液还存在其他问题。首先,流场拍摄到的彩色图像是离散的,即它们代表一个不连续的点云。其次,由于二次光散射、侧壁和内腔元件的反射,整体颜色响应可能会失真。因此,建议使用专门开发的平均、平滑和插值技术来消除所得等温线中的误差。此外,每个实验装置都需要在相同的照明、采集和评估条件下,使用相同的流体从图像中获得相应的校准曲线。

在大多数情况下,TLC 材料的密度与水的密度非常接近。图 5 - 8 展示了未封装的 TLC 示踪剂在左右两侧不同加热状态立方形空腔中自然对流可视化的应用[7]。随着从热壁(左侧)到冷壁(右侧)的顺时针流动循环,示踪剂的颜色从蓝色变为红色。图中的涡流特征是由两侧壁面的温度梯度引起的。这个实验一方面可以作为一个腔内自然对流传热流动和温度场分布的基准,以此来检验源于 Navier-Stokes 方程的数值预测结果。另一方面,除了理论上的兴趣,这种对流还有许多潜在的应用,其中应用最广泛的可能是双层玻璃。通过液晶显示流动,可以观察流动结构并识别温度场的变化。即使没有定量数据,也可以从彩色照片中推断出等温线的特征。虽然液晶示踪剂多次曝光的彩色照片是亮丽的,但是对于定量图像的分析来说是毫无用处的。在流动的大部分区域中缺乏显色液晶粒子,以及液晶粒子对颜色的单独调节,这是计算机分析的主要障碍。因此,为实现粒子图像测速和测温分析而拍摄的流场的数字图像,只是显示了一个相当密集、均匀的小群体,单个暴露的彩色点,代表了液晶材料在流动中的精细分散。人眼仍然可以很容易地分析这类图像的颜色分布,但粒子位移只能通过计算手段检测。

扫码获彩图

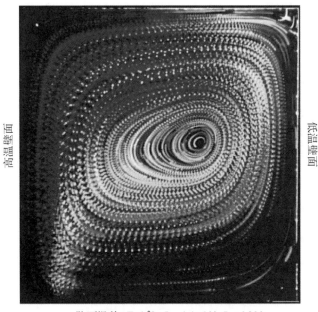

壁面温差ΔT=4 ℃;Ra=1.1×10⁴;Pr=6 900

图 5‒8   用液晶示踪剂拍摄对流流动的多曝光彩色照片

5.3   涡轮叶片内部对流冷却传热测试

涡轮叶片内部对流冷却是通过冷却通道等结构使冷却工质与叶片内壁面进行对流传热的,降低金属壁面温度,并控制叶片冷气流量,为气膜孔供气的过程。内部冷却首先直接影响叶片内部对流传热的热阻;其布置方式会影响叶片内部结构,进而影响叶片导热热阻;冷却气体在内部传热过程中流阻和温度的改变会影响气膜冷却。此外,内部冷却会影响整个叶片的热流量,进而使得各个热阻处的温度发生改变。

内部冷却的目标有两点:第一,在尽可能使用较少的冷气和造成较小压力损失的情况下,将叶片金属材料温度控制在所需范围,并实现叶片各个部位的等温设计,减小叶片和涂层内部的热应力;第二,调节流量分配,满足气膜冷却需求。上述内部冷却效果的评价需要综合考虑各种冷却因素后才能得出，对于不同的内部冷却元件，其研究目的被简化为在尽可能小的阻力损失和流量下获得尽可能大且均匀的传热系数分布。

涡轮叶片内部冷却中，叶片中部常使用微肋、凹陷结构等，叶片前缘常采用冲击冷却、双层壁结构等，叶片尾缘常采用针肋、劈缝结构等。对于这些结构，传统的热电偶测量将无法获得完整且精确的数据，故常使用液晶热像、红外热像和粒子示踪技术等对流动和传热进行测量。此处，将对液晶热像测量的方法进行介绍。

本节将从肋扰流冷却、凹陷涡冷却、冲击冷却、针肋结构和尾缘冷却 5 个方面的应用来介绍。

5.3.1　肋结构对流传热测试

肋片扰流冷却采用近壁肋片湍流发生器强化通道内部的传热，主要通过流体流过肋片时边界层的分离和再附着减薄边界层并增加主流扰动，并利用通道内的二次流来加强混合，从而强化传热。肋片在强化传热的同时，也会增加通道内部的压力损失。影响肋片压损和传热性能的几何因素包括肋片间距、角度、高度、形状、圆角、通道的形状、宽高比、横截面积变化和 180°弯头、气膜孔和尾缘等出流结构；流动因素则主要是通道雷诺数和旋转雷诺数、浮力数等。

Ekkad 等[8]使用热色液晶对带肋弯曲冷却通道进行了瞬态传热测试。此工作对比了平板、直肋、斜肋、顺 V 形肋、逆 V 形肋和交叉 V 形肋对弯曲通道内对流传热的影响，测试雷诺数 Re 为 30 000。此外，还考虑了冷却通道内开有出气孔的情况。液晶热像技术可以精确地反映弯曲通道内各处的努塞特数 Nu 的分布，便于分析各种肋结构对流动和传热的影响。实验发现，相比于平板，各种肋结构都可以强化在弯曲通道内的传热。安放直肋的第一段通道内，两肋之间的区域为低传热区；在弯曲部分，直肋可以减少离心力和冲击端壁的影响。相比于直肋，带斜肋的通道内传热有更大改善，其高传热区更靠近中间隔板。而带 V 肋通道内，传热强化区域处于通道中间。对于开有气膜冷却孔的通道，其传热特性与无孔通道类似，但在孔附近有强化传热区域。

Cavallero 等[9]则对冷却通道内的直肋及间断直肋进行了稳态液晶传热测

试,测试通道的宽高比为5,雷诺数 Re 为8 900~35 000。该工作比较了4种不同节距的直肋及间断直肋的传热特性,给出了带肋平板的传热系数分布。实验得到了如下结论:对于连续肋,除了通道横向两侧外,其余部分在横向上传热分布基本一致。对于间断肋,在流动过程中湍流不断加强。从平均相对努塞特数水平看,C 布置对传热的强化最大,其次分别为 D 布置、B 布置与 A 布置。C 布置在实验中平均努塞特数可达平板的3倍左右。

Kunstmann 等[10]通过瞬态热色液晶技术研究了矩形通道单面布置 W 肋、2W 肋和4W 肋的传热性能,通道宽高比为2、4和8。他们使用 Hallcrest 公司生产的 BM/R43C1W/C17-10 窄带热色液晶,测试板基座为有机玻璃材料,而肋片由铝制成,以采用集总电容法[11]获得肋片表面的传热分布。实验系统如图5-9所示,通过控制阀控制热空气进入测试段的时刻,以获得测试表面温度阶跃。研究发现,W 肋肋尖展向间距与通道高度的比为1:1时传热性能最强,此外 W 肋、2W 肋和4W 肋分别在宽高比为2:1、4:1和8:1时传热强化能力最突出,壁面传热分布如图5-10所示。

扫码获彩图

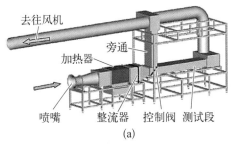
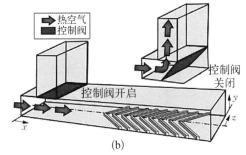

图5-9 实验系统

(a) 实验系统简图;(b) 控制阀作用原理

扫码获彩图

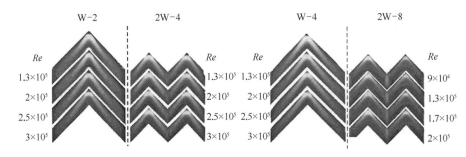

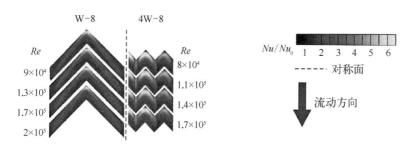

扫码获彩图

图 5-10　不同肋形壁面传热分布(W-4 为 W 形肋在宽高比为 4∶1 通道
中的传热,由于几何结构是对称的,图中仅展示了对称面)

Guo 等[12]通过瞬态热色液晶技术获得了有/无导叶条件下三通道各流程的壁面传热分布。三通道壁面放置 V 形肋片强化壁面扰流。通过瞬态热色液晶技术可以获得详细的壁面传热分布,图 5-11 所示为正在变色的测试件。如图 5-12 所示,在第一流程,流体进入通道后,受到 V 形肋的影响生成二次流涡对,壁面高传热区呈 V 字形分布,流动沿流向的发展导致传热不断升高。流体在转折段受到离心力的影响高传热区集中在通道外侧壁面。研究发现,在转折段放置导叶虽然降低了整体的平均传热性能,但是有效地改变了传热的不均匀性。对于装有导叶的三通道,第三通道靠近内部的传热被明显地改善。

第一带肋通道　　　　　　　　　　　　　流动方向

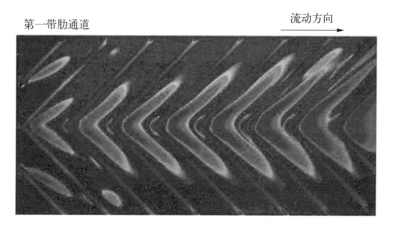

扫码获彩图

图 5-11　V 形肋表面对流传热过程液晶热像

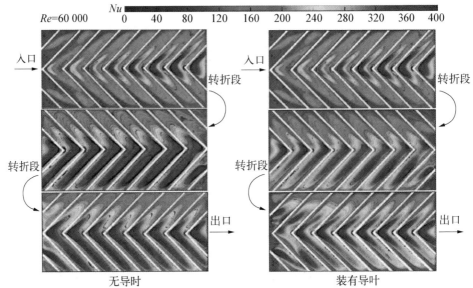

图 5 - 12　瞬态液晶热像测量折弯三通道 V 形肋表面对流传热努塞特数分布

5.3.2　凹陷结构表面传热测试

作为一种新型的扰流冷却结构,相比于传统的肋片,凹陷涡发生器冷却结构不仅保持了较高的传热性能,努塞特数为光滑通道的 1.3～2.5 倍,而且产生的气体流动损失远远小于肋片,为光滑通道的 1～3 倍,具有相当可观的发展前景。当冷却气流流经表面布置着凹陷涡发生器的通道时,凹陷涡自身的结构会使流过凹陷的流体在其内部产生复杂的涡旋流动结构,破坏凹陷表面近壁面的边界层,促进了凹陷表面的传热。

凹陷涡发生器相对于光滑平板而言,传热性能有 30%～150% 的提升,具体传热性能提升随凹陷的几何特性(间距、深度以及形状)而变。凹陷涡发生器冷却技术最大的优点在于牺牲较小的流动阻力换取可观的传热性能,具有比一般强化传热结构更高的综合传热性能。但凹陷内部的传热也存在缺陷:凹陷内部的传热强度分布不均匀,凹陷前半部分迎风面的传热性能非常差,远低于后半部分背风面的传热强度,在凹陷结构内部会产生较大的热应力,影响凹陷传热结构的工作寿命。综合凹陷涡发生器高传热和低流动阻力的表现来看,凹陷强化传热结构的研究及应用前景非常可观。

Chyu 等[13]对球形和泪滴形凹陷涡进行了瞬态液晶传热测试,获得了传热系数分布。在此工作中,考虑了上下壁面不一致的情况,分别测试了上下表面均为球形凹陷、上下表面均为泪滴形凹陷、一侧为平板一侧为球形凹陷、一侧为平板一侧为泪滴形凹陷 4 种情况。其测试通道宽高比为 4 ∶ 12,雷诺数 Re 为 15 000～35 000。实验得到结果:相对于平板,球形和泪滴形凹陷均可以强化传热,相对努塞特数约为 2.5。泪滴形凹陷比球形凹陷略微更优。但泪滴形凹陷引起的压力损失要大于球形凹陷,泪滴形凹陷的压力损失系数约为球形凹陷的 1.5 倍。最后将凹陷结构与肋结构的传热特性进行对比,发现在强化传热能力相近的情况下,2 种凹陷相比肋都能够显著地降低流动的摩擦损失。

Rao 等[14]使用稳态液晶传热测试和数值模拟分析比较了球形、泪滴形、椭圆形与斜置椭圆形凹陷对传热的影响。其测试通道宽高比为 6,雷诺数 Re 为 8 500～60 000。实验得到的结果:相比于球形凹陷,泪滴形凹陷能够提高 18% 的传热,但同时也会提高 15%～35% 的压力损失。同样相比于球形凹陷,椭圆形凹陷的传热减少了 10%,压力损失与球形相近,但斜置椭圆形凹陷的传热性能和压力损失都与球形凹陷相近。实验表明凹陷形状对传热性能的影响可高达 28%。

李文灿等[15]对一般球形凹陷以及全边缘倒圆角和前缘倒圆角的球形凹陷结构进行了瞬态液晶传热测试。在其实验中,选用 Hallcrest 公司生产的 SPN‐100/ R35C1W 液晶和与之配套的专用黑漆。该液晶的测温点约为 35 ℃,带宽为 1 ℃。具体的红色起始点为 35.1 ℃,绿色起始点为 35.4 ℃,蓝色起始点为 36.3 ℃。红色起始点、带宽并不是固定不变的,它们受环境的影响而稍有变化。红色起始温度可能有±1 ℃的偏差,带宽可能有±20% 的偏差。在热色液晶标定实验中,标定板采用紫铜材料制成。紫铜材料的纯度高于 99.9%。它有导热性好、价格便宜、便于购买、机械加工性能好等优点。紫铜标定板的背部贴有加热均匀的加热膜片,其背部开有若干个热电偶孔。本标定实验选用最中间的热电偶孔和距中间孔 50 cm 的 2 个热电偶孔。热电偶孔距标定板上表面 0.5 mm。实验前,将热电偶插入上述 3 个热电偶孔,并使用导热胶密封、胶带固定。其测试通道宽高比为 6,测试雷诺数 Re 为 10 000～60 000。实验结果如图 5‐13 所示,相比于一般球形凹陷,全倒圆凹陷和前倒圆凹陷都能提升传热性能,但前倒圆凹陷的传热提升更加明显,可达 11%。同时,全倒圆凹陷的摩擦因数稍有下降,但前倒圆凹陷的摩擦因数相较一般球形凹陷有约 8% 的提升。从综合传热性能看,相比于一般球形凹陷,全倒圆凹陷有 4.4% 的提升,前倒圆凹陷有 9.6% 的提升。

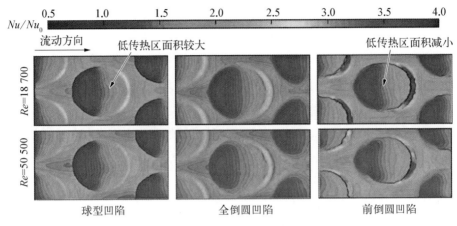

图 5-13 瞬态液晶热像测量得到的球形凹陷、全倒圆凹陷、前倒圆凹陷努塞特数比值分布

Rao 等[16-17]针对不同高径比和不同深径比的凹陷流动及传热特性进行了研究,仍采用 Hallcrest 公司生产的 SPN-100/R35C1W 窄带液晶制作涂层。采用 CMOS 摄像机(IDS uEye UI-1460-C)进行拍摄,为了保证在实验时间内底板不会被热穿透,实验中带有凹陷的有机玻璃板厚度为 15 mm,并将实验时间控制在 1 min 30 s 左右。除了瞬态热色液晶实验外,他们还通过稳态铜板传热实验获得了壁面平均努塞特数,如表 5-1 所示,以稳态传热实验为基准,瞬态热色液晶实验整体平均努塞特数的最大偏差不超过 6%,这说明瞬态液晶实验结果准确可靠。不同深度及不同直径的凹陷表面传热分布如图 5-14、图 5-15 所示。发现浅凹陷($\delta/d=0.067$)的雷诺比拟因子 RAF(Reynolds analogy factor)相较于深凹陷($\delta/d=0.2$)增加了 22%~52%,原因是浅凹陷诱发的马蹄涡增强了近壁湍流热输运,而对通道流动阻力的影响微弱。此外,他们认为对于微小的凹陷($\delta/H=0.03$、0.05),存在一个与黏性底层和凹陷深度的比值相关的临界 Re,在 Re 达到临界 Re 之前,传热会随 Re 的增加而增强。

表 5-1 稳态传热实验和瞬态液晶实验结果对比

Re	稳态传热实验 Nu/Nu_0		瞬态热色液晶实验 Nu/Nu_0	
	$\delta/d=0.067$	$\delta/d=0.2$	$\delta/d=0.067$	$\delta/d=0.2$
18 700	1.41	1.69	1.49	1.72
36 700	1.40	1.68	1.48	1.67
50 500	1.39	1.70	1.43	1.70

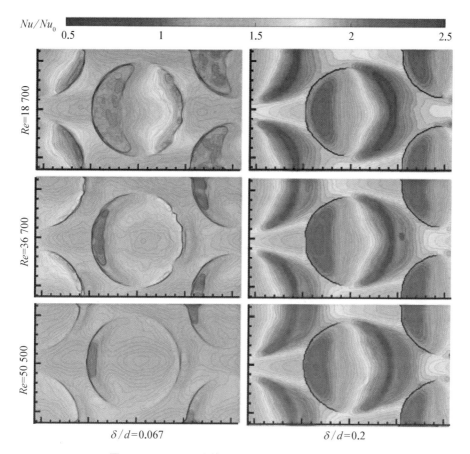

扫码获彩图

图 5‑14　不同深度的凹陷单元壁面努塞特数分布

5.3.3　冲击冷却结构传热测试

冲击冷却用冷却空气通过孔板形成射流,冲击到冷却表面,能够极大地提高局部传热系数,但射流结构会削弱叶片强度,高强度的射流也可能导致热应力增大。冲击冷却强化传热的原理在于冲击驻点附近有很强的湍流脉动,且冲击后边界层重新发展,在近壁面区域形成很强的剪切作用。影响冲击冷却的几何参数,主要包括冲击孔的孔径、冲击孔的方向和排列间距、冲击射流出口到靶板的距离、被冷却表面的曲率和粗糙度、冲击后附近气膜孔的抽吸作用、冲击横流的流动方式等,而流动参数主要为射流雷诺数。

在 Huang 等[18]的工作中,对 3 种不同出口配置的冲击冷却结构进行了瞬态液晶传热测试,其进口与出口方向均与冲击方向垂直,冲击雷诺数 Re 为 4 850～18 300,射流孔直径为 6.35 mm,测试的射流孔板与靶板的距离 H 为 25.4 mm。测试使用瞬态液晶方法精确测量了传热系数分布,能够更好地理解冲击冷却结构的传热强化。实验得到的结果:随冲击气流雷诺数的增大,当地努塞特数也随之增大。横流流向对传热系数的分布有显著影响,横流由两侧流出时,冲击表面的努塞特数最大,原因为这种出口配置下,冲击气流受到横流的影响更小。不同出口配置下的总体平均努塞特数与雷诺数关系不同。

扫码获彩图

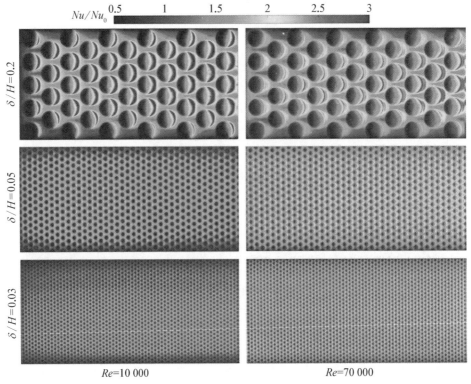

图 5 - 15　不同直径的凹陷测试板壁面努塞特数分布

Ekkad 等[19]延续了上述研究,对冲击靶板带有凹陷的情况进行了瞬态液晶传热测试。测试了 2 种不同的凹陷靶板配置,一种为冲击气流与凹陷中心对齐,另一种为冲击气流与凹陷中心交错排列。冲击气流的来流方向、横流流出的方向均与冲击方向垂直。测试的冲击雷诺数 Re 为 4 800～14 800,射流孔直径为 6.35 mm,测试的射流孔板与靶板的距离 H 为 25.4 mm。实验得到的结果:在冲击靶板上放置凹陷将会降低其传热系数。传热系数随着横流的增强而增大，即增强横流将强化传热。冲击气流进入凹陷后发生喷涌现象，减弱了冲击的效果，从而导致传热效果下降。喷涌现象会产生局部湍流流动和流动分离、重新附着，破坏了冲击核心的流动，此结构不是理想的传热强化流动结构。

Terzis 等[20]对变直径、变间距射流孔冲击冷却结构进行了瞬态液晶传热测试，其使用了不同的黑漆、液晶喷涂顺序，且使用了反射镜结构，使得在一次实验中，可以获得射流孔板、靶板和侧壁面的传热系数分布。实验基于平均射流孔直径的雷诺数 Re_d 为 $15\,500\sim52\,000$。其测试了 2 种通道高度、2 种不同变直径变间距射流孔和 1 种均布射流孔，共有 6 种配置。通道宽度-射流孔直径比 Y/D 的平均值为 5，通道高度-射流孔直径比 z/d 的平均值为 1.5 与 3 两种配置。变直径变间距射流孔为顺流逐个直径增大 10% 和顺流逐个直径减小 10% 两种配置。如图 5-16 和图 5-17 所示，在 z/d 分别为 1.5 和 3 两种通道高度配置下，逐渐减小的射流孔配置可以显著增强横流，逐个增大的射流孔配置效果相反，这种现象主要由于射流孔直径变化造成的流量分布变化。从传热系数分布看，逐个减小的射流孔配置将导致侧壁面的传热系数峰值位置发生偏移，这是由于上游横流流量增大造成的。而逐渐增大的射流孔配置导致上游横流流量减小，从而增强了射流对侧壁面的传热强化。但从总体平均努塞特数来看，在 ±10% 内变化射流孔直径并不能产生显著影响。但从射流孔板的传热考虑，逐渐增大的射流孔配置能够改善其传热性能。

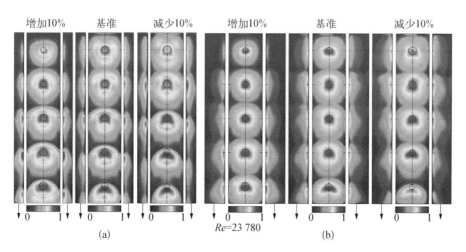

扫码获彩图

图 5-16　两种不同通道高度下，靶板与侧壁面的相对传热系数分布

(a) $z/d = 1.5$；(b) $z/d = 3$

扫码获彩图

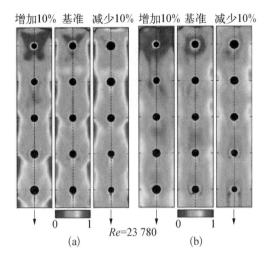

图 5‑17　2 种不同通道高度下，射流孔板的相对传热系数分布

(a) $z/d = 1.5$；(b) $z/d = 3$

　　Luan 等[21-22]基于瞬态液晶热像测试技术对圆形旋流管、多渐缩旋流管和凹陷旋流管进行了系统的对比实验研究。实验以圆形旋流管为对照基准，探究了旋流管渐缩比和凹陷结构化壁面对旋流冷却性能的作用机理。如图 5‑18 所示，试验测试段真实地复现了涡轮叶片前缘的冷却形式，包括入口稳压箱、冲击射流槽和前缘冷却腔室。根据不同的冷却形式，前缘冷却腔室的冲击靶板又分为基准圆形管、多渐缩旋流管和凹陷旋流管。射流槽尺寸为 33.3 mm×8.5 mm，旋流管最大直径为 50 mm，旋流管长为 1 000 mm。根据射流槽的位置，整个旋

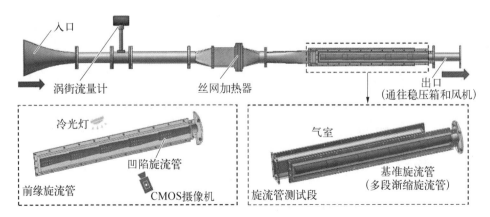

图 5‑18　旋流冷却实验系统和实验件示意图

流管分为 5 个旋流段,在多渐缩旋流管中,每个旋流段分成射流段和渐缩段,两者的比例为 1∶3;此外,在凹陷旋流管中,凹陷的深径比为 0.2。实验选取射流温度为参考温度,不考虑摄像机视角对传热结果的影响,对旋流管曲面的传热系数进行了曲率修正。实验在雷诺数 Re 为 10 000~40 000 下进行,采用的液晶型号为 SPN‑100/R35C1W。

瞬态液晶实验的结果(见图 5‑19)展示了高像素分辨率的空间传热分布,对于基准的圆形旋流管,传热在每个射流下达到最大值,然后沿着轴向逐渐衰减,直到下一个射流激励,传热再次达到局部峰值;同时,随着下游横流的增强,射流传热驻点受横流影响明显向下游偏移。多渐缩旋流管通过渐缩的壁面配置抑制了旋流沿轴向的衰减,并且将上游的横流引导进入下游的管芯,避免了射流与横流的相互影响,提高了整体的传热系数和传热均匀性。凹陷旋流管除了局部凹陷位置的传热分布,传热表现与渐缩旋流管相近,局部凹陷传热呈现出极高的传热强化,并且在每个凹陷的周围,传热也有着差异,凹陷的前缘传热相对较弱,后半部凹陷以及凹陷尾缘后的再附区域传热极强,这与凹陷内的湍流结构表现得一致。这表明瞬态液晶热像测试技术,在提供二维传热分布的同时,也给出了一定的内流流动信息。

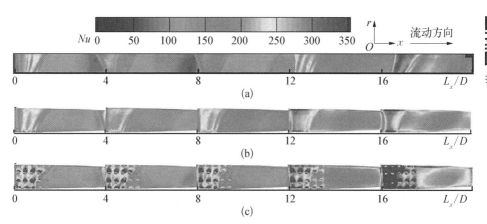

扫码获彩图

图 5‑19 瞬态液晶热像测量 3 种旋流冷却结构表面传热努塞特数分布图
(a) 圆形旋流管;(b) 多渐缩旋流管;(c) 凹陷旋流管

Luan 等[23]基于瞬态液晶热像测试技术对 3 种前缘冲击‑气膜冷却配置进行了对比实验研究。实验以冲击‑气膜冷却为对照基准,探究了错排射流布置和突脊结构化壁面对前缘冷却的性能影响规律和传热作用机理。如图 5‑20 所示,试验测试段包括入口稳压箱、冲击板、前缘靶板和出口稳压箱。气流在入口集流段被吸入,然后经过涡街流量计测量来流流量。为了满足瞬态液晶实验的温度阶跃需求,在试验段前设置了大功率的丝网加热器。加热后的来流经由入口稳压箱被压入冲击板形成冲击射流,冲击到喷涂热像液晶(SPN-100/R35C1W)和黑色背漆的靶板上,通过 CMOS 摄像机记录整个变色过程。在拍摄过程中,使用 2 个摄像机分别对上下前缘面同时进行拍摄,选取射流温度作为参考温度,并且对前缘弯曲靶面进行了曲率修正。

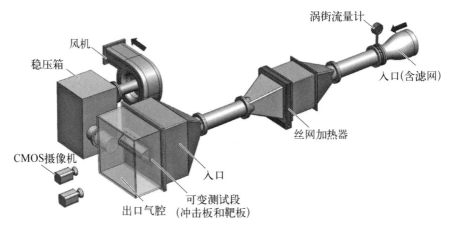

图 5 - 20　冲击-气膜冷却实验系统示意图

如图 5 - 21 所示,3 种试验测试段主要由 2 种冲击板和 2 种靶板组合设计而成:冲击-气膜冷却实验由冲击板和光滑前缘靶板组成;偏置射流冲击-气膜冷却由错排偏置射流冲击板和光滑前缘靶板组成;突脊偏置射流冲击-气膜冷却由错排偏置射流冲击板和突脊前缘靶板组成。冲击孔直径 $D=15$ mm,前缘靶板由典型的圆弧连接两端相切直线构成,气膜孔直径为 $0.5D$,冲击孔间距为 $4D$,整个前缘长度为 $24D$。实验雷诺数 Re 为 20 000~50 000。

图 5 - 22 展示了通过瞬态液晶热像技术测量获得的 3 种前缘冷却布置的内部表面 Nu 结果。对于冲击-气膜冷却,射流驻点出现传热峰值,然后沿着驻点两侧传热逐渐降低。偏置射流冲击-气膜冷却的传热相比冲击冷却,传热从驻点分布演变为流向高传热分布,这间接地展示了内部流体的流动特征,表明错排偏置射流沿壁面流向运动,强化了流向的传热。对于突脊壁面,传热分布在延续了偏置射流诱发的流向高传热特征的同时,其展向传热也出现了明显的改善,这表明突脊壁面可以有效地实现冷却腔室内的流动分配,提高传热的均匀性。瞬态液晶热像技术相比于传统的稳态铜板传热测试技术,呈现了丰富的表面传热信息和内部湍流流动信息。

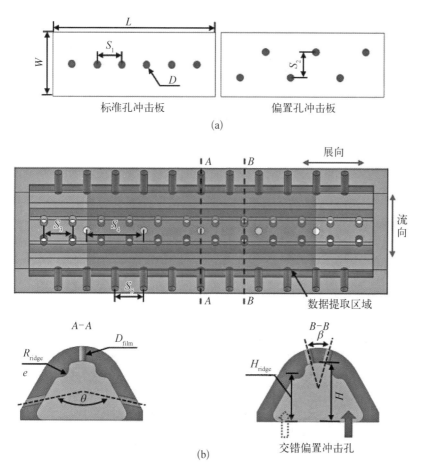

扫码获彩图

图 5-21 冲击-气膜冷却实验件示意图

(a) 冲击板；(b) 靶板

Xing 等[24]基于瞬态液晶热像测试技术对不同横流配置的冲击-凹陷冷却进行了实验研究。瞬态液晶热像实验系统如图 5-23 所示，加热后的气流经由入口稳压箱后被压进冲击板形成离散冲击射流冲击到靶板上，靶板的变色过程由 CCD 摄像机拍摄。如图 5-24 所示，实验中的气流是通过冲击板和靶板之间的出流孔排出的，根据出流孔的布置形式，分为单侧最大横流出流、双侧中等横流出流和周向最小横流出流布置。冲击射流与凹陷错排布置，实验雷诺数 $Re = 15\,000 \sim 35\,000$，研究的冲击间距 H/d 分别为 3、4 和 5，凹陷直径与射流直径之比为 $D_d/d = 1.8$，凹陷深径比为 0.15。考虑到穿透时间，所有的实验均在 90 s 之内变色完成。在数据处理过程中，使用了射流温度作为参考温度，对凹陷内部传热区域进行了曲率修正。

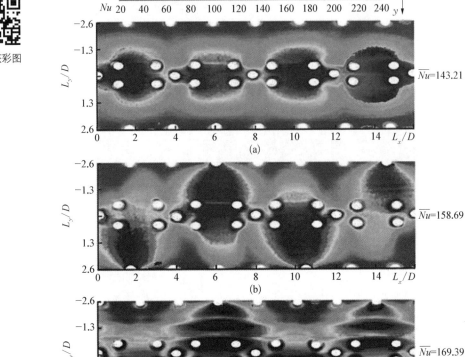

图 5 - 22　3 种冲击-气膜冷却结构的液晶实验 Nu 分布云图

(a) 普通冲击孔;(b) 偏置冲击孔;(c) 突脊前缘条件下偏置冲击孔

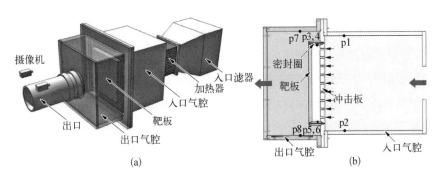

图 5 - 23　冲击-凹陷冷却瞬态液晶实验系统示意图

(a) 实验系统简图;(b) 几何模型及压力测点

注:p1~p8 为压力测点。

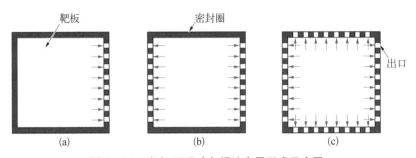

图 5 - 24　冲击-凹陷冷却横流布置形式示意图
(a) 最大横流；(b) 中等横流；(c) 最小横流

如图 5 - 25 所示，实验结果表明，冲击间距比 H/d 为 3 的冲击冷却布置传热性能要优于另外 2 种冲击间距比，并且在不同横流布置下，也具有相同的结论。对于单侧的最大横流状态，冲击冷却的传热驻点沿着横流方向呈现出"低-高-低"的分布状态，而冲击凹陷冷却的射流驻点沿横流方向的传热逐渐增加，但是射流间的凹陷结构，造成了传热的进一步减弱。双侧出流的中等横流布置明显地改善了靶面的传热均匀性，周向出流的最小横流布置的传热均匀性最好，并且光滑冲击冷却的传热也最均匀。相比而言，冲击-凹陷冷却的射流驻点产生了显著的传热强化，而射流之间的凹陷区域传热也出现了明显的下降。

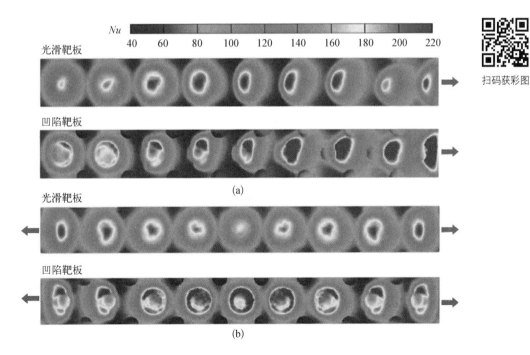

扫码获彩图

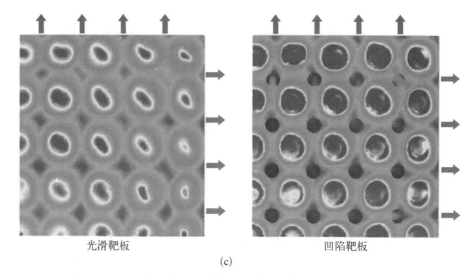

光滑靶板   凹陷靶板

(c)

图 5-25 不同横流布置下冲击-凹陷冷却瞬态液晶实验 *Nu* 云图

(a) 最大横流；(b) 中等横流；(c) 最小横流

5.3.4 针肋结构传热测试

针肋(柱肋)冷却通过连接通道两侧壁面的柱来强化通道中的传热。针肋常用在狭窄的空间中，此时难以布置肋片和冲击，针肋除却强化传热作用外，还起到结构支撑的作用。针肋扰流兼具通道内部流动和圆柱绕流外部流动的特征，流体在柱的前缘产生马蹄涡和边界层分离，柱后产生尾迹，增强了扰动并强化了传热，此外，柱本身也能通过热传导影响温度场，长柱可增加有效传热面积。影响针肋冷却的几何因素包括柱的密度、长径比、形状、倾角、圆角、顺列和错列，收敛通道和尾缘出流等也会影响针肋冷却。影响针肋冷却的流动参数主要是基于柱直径和通道截面最大速度的雷诺数、旋转数等。

Tanda 等[25]对置有顺排、叉排菱形截面针肋的平板表面进行了稳态液晶传热测试。其针肋菱形截面边长为 5 mm，高度与通道高度相同，共测试了 6 种不同的排布方式。其测试通道宽度为 100 mm，高度为 20 mm，宽高比为 5。基于通道水力直径的雷诺数 *Re* 为 8 000～30 000。实验得到的结果：针肋布置将显著影响传热系数分布。当分布间距较宽时，传热系数将基本按排布周期分布，各周期间差距不大。但当分布间距较窄时，通道中部的传热系数将显著增强。根据对数坐标图像，总体平均努塞特数大致与雷诺数的(0.59～0.65)次方成线性关系。在等流量条件下,间距较窄的叉排针肋结构的传热强化最大,其相对努塞特数为 3.4~4.4。在等泵功条件下,最大相对努塞特数约为 1.65,此时分布间距对传热的影响不明显。

Chyu 等[26]对置有叉排圆形、方形、菱形截面针肋的平板进行了瞬态液晶传热测试。圆形截面针肋的直径为 6.4 mm,方形、菱形截面针肋的边长也为 6.4 mm,高度与通道高度相同。测试通道宽度为 95.3 mm,高度为 6.4 mm,宽高比约为 14.9。基于通道水力直径的雷诺数 Re 为 12 000~19 000。实验得到的结果:三者沿流向的传热系数分布得很类似,均为入口附近很高,之后稍有下降,在第三排左右达到极大值。在前两排区域,三者传热系数分布的差异较大,下游区域则较不明显,说明下游的传热系数分布主要受排布规律影响,受针肋形状影响较小。3 种针肋表面的平均传热都明显比平板表面的高,高出 30%~50%。菱形截面针肋的总体传热最高,其针肋表面与平板的传热系数差距也最小;相反地,圆形截面针肋的总体传热最低,其针肋表面与平板的传热系数差距则最大。这表明菱形截面针肋能够获得更均匀的冷却效果。当考虑到压损系数,对比综合传热性能,则圆形截面针肋表现最优,菱形截面针肋表现最差。

万超一等[27]对带有针肋的射流冲击冷却结构进行了瞬态液晶传热测试。其测试件射流孔与针肋交替布置,射流孔与针肋的直径 D 均为 10 mm,射流孔横纵间距均为 $5D$,射流孔板与靶板的间距为 $1.5D$。基于射流孔直径的雷诺数 Re 为 15 000~30 000。实验结果如图 5‑26 所示,针肋靶板的横向平均

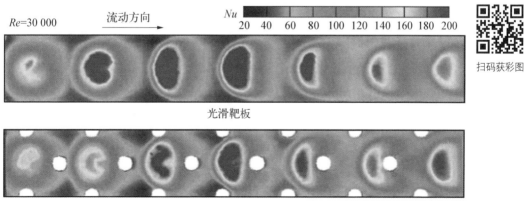

扫码获彩图

光滑靶板

针肋靶板

图 5‑26　光滑靶板与针肋靶板的当地努塞特数 Nu 分布

努塞特数分布趋势与光滑靶板类似，但在波峰与波谷位置部分有差异。针肋的加入能够提高约 7% 的端壁平均努塞特数，压力损失最大提高约 18%。由于针肋布置在原光滑靶板传热较差的位置，其还能够改善传热的均匀性。

Liang 等[28]对比了圆形针肋、Kagome 栅格针肋和体心立方栅格针肋的传热性能差异，并用瞬态液晶测温方法给出了端壁表面的努塞特数分布。如图 5-27 所示，Kagome 栅格由 3 个斜圆柱在中心点相互交叉组成，而 BCC 单位细胞由 4 个相同的斜圆柱组成。每个单元的固体体积是相同的，从而保证了相同的孔隙率(0.88)，孔隙率定义为空隙体积和单位固体体积之间的比率。实验中使用的窄带液晶型号为 SPN-100/R35C01WP1，测试板厚度 $d = 12\,\text{mm}$，实验中保证了 $\dfrac{\alpha\tau}{d^2} < \dfrac{1}{16}$，满足半无限大平板假设。研究发现，如图 5-28 所示，随着针肋长度的增加，平均传热系数也相应地增加，在达到某一临界之后却反而开始下降。同时，随着针肋直径的增加，平均传热系数先增加后下降，最终达到一个最优值。此外，Kagome 排列的针肋在传热方面表现最佳，其平均传热系数比其他 2 种排列方式分别提高了 15% 和 25%。

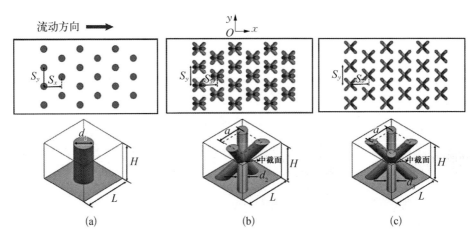

图 5-27　圆形针肋、Kagome 栅格针肋和体心立方栅格针肋的几何结构

(a) 圆形；(b) Kagome 栅格；(c) 体心立方(BCC)栅格

Chen 等[29]用热色液晶测量技术研究了方形针肋对差排冲击阵列靶板的传热增强效果，并将该结果与之前的顺排冲击阵列进行了对比。不同实验工况的雷诺数 $Re = 15\,000 \sim 30\,000$，冲击距离 $H/D = 3 \sim 5$，并开展了 3 种不同横流方案(最大、中等、最小横流)间的对比,以确定拥有最佳传热性能的布局。冲击板上共布置 77 个射流孔,按差排排列,射流孔直径 $D=10$ mm,孔间距 $X/D=Y/D=5$。 冲击靶板由方形针肋进行了粗糙化处理,针肋的长 l、宽 w、高 e 均为 2.2 mm($l/D=w/D=e/D=0.22$);针肋间距 $p=4.05$ mm($p/D=0.405$),冲击中心位置位于 4 个针肋的中央。与光滑靶板相比,带针肋靶板表面积增大了 50%。在冲击板下半部分的射流中心位置按重量 9 个 K 型热电偶用于记录冲击参考温度。实验中使用的窄带液晶型号为 SPN - 100/R38C1W,测试板的热扩散系数 α 和厚度 d 分别为 1.086×10^{-7} m²/s 和 20 mm,加热时间 τ 控制在 90 s 左右,由此 $\dfrac{\alpha\tau}{d^2}<0.024\,5$,满足半无限大平板假设。如图 5 - 29 所示,实验结果显示,带肋冲击靶板与光滑靶板的努塞特数之比的范围为 0.86～1.05,同时冲击距离越大,该比值也越大,而增加针肋后压力损失只有微小的变化。与顺排冲击阵列相比,差排阵列的努塞特数之比更低。

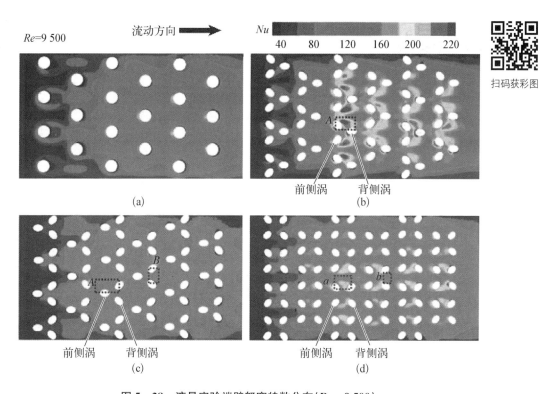

图 5 - 28　液晶实验端壁努塞特数分布($Re=9\,500$)

(a) 针肋壁面;(b) Kagome 底面;(c) Kagome 顶面;(d) BCC 壁面

扫码获彩图

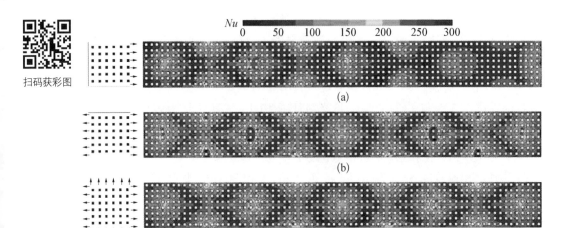

图 5-29 横流形式对传热的影响

(a) 最大横流；(b) 中等横流；(c) 最小横流

5.3.5 尾缘冷却结构传热测试

内部冷却的基础是各种强化传热形式，而其应用环境则与其在叶片上的具体位置十分相关。在内部冷却的各个部分中，叶片尾缘冷却是非常重要的一环。在燃气轮机叶片设计中，尾缘厚度与叶片气动损失紧密相关。理论上尾缘厚度应为零，实际出于强度考虑，只能采用斜切等手段尽量减小尾缘厚度。由于尾缘厚度薄、尾缘射流的气动考虑等，尾缘面临的冷却问题与其他位置相比有其特点。总体而言，主要包括以下几个方面。

（1）尾缘冷却结构布置受限制。尾缘吸力面在喉部之后很难布置气膜冷却，内部通道空间狭窄，且为保证结构强度，需选择柱肋等有一定支撑作用的内部冷却结构。尾缘内部冷却要在受到较大限制的前提下带走足够多的热量，在尾缘的尖端等区域很易出现高温区。

（2）尾缘易产生应力集中。尾缘外部传热量不均匀，压力面和吸力面的传热差异容易造成热应力，尤其在旋转工况下，动叶叶根等位置更易造成应力集中。同时，尾缘厚度薄，热响应快，变工况运行时易发生热疲劳。

（3）尾缘流量控制很重要。由于尾缘的出流孔流阻通常比气膜孔小，且动叶尾缘由叶根直接供气时流程很短，流过尾缘的流量十分可观，而恰当尾缘的流阻设计可以使得流过尾缘的流量在设计范围内。

（4）动叶和静叶尾缘有各自典型的几何和流动特点。简化后的尾缘内部冷却结构如图 5 - 30 所示，典型的尾缘冷却中，冷却通道前部常采用肋片扰流冷却，通道向尾缘尖逐渐收敛，随着通道变窄，冷却形式也逐渐变为以柱肋（或类似柱的结构，如长短轴之比差距较大的椭圆或长形柱）或多排冲击为主，最终冷气流经一系列出流孔沿叶片切向喷出。由于出流和入流位置的限制，静叶和动叶尾缘的流动模式有所不同，静叶尾缘冷却流体主要来自上游腔室冲击之后的横流，来流近似沿着叶片弦向，且常有一排冲击孔作为尾缘的入口；动叶尾缘冷却流体主要来自叶根或上游蛇形通道，来流通常从根部沿径向流入，在通道中逐渐折转出流。

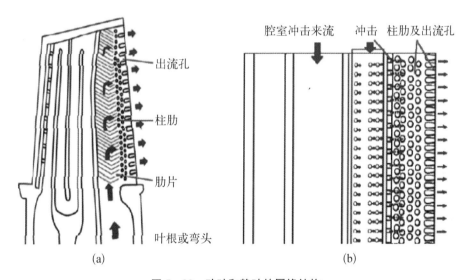

图 5 - 30　动叶和静叶的尾缘结构
（a）动叶的尾缘结构；（b）静叶的尾缘结构

尾缘的上述特性，决定了对叶片尾缘内部冷却的研究必须基于对带肋通道和柱肋通道传热压损特性的了解，并最终要在尾缘的出流、旋转、耦合和特殊几何条件下考察这些冷却方式对流量、压力分布和温度分布的影响。

圆柱针肋（扰流柱）在尾缘强化冷却中应用最为广泛。扰流柱主要通过加强冷气的扰动，达到增强端壁表面传热的效果。叶片尾缘扰流柱冷却是内部流动和外部流动的组合。限制在吸力面和压力面之间的流动为典型的内部流动，但气流横掠管束又是典型的外部流动。扰流柱使得流体绕流，形成的尾流增加气流的湍流度,并且扰流柱的存在影响上下壁面边界层的发展,形成一定扰动。除此之外,扰流柱还将热能从外表面传入内部通道,并且长扰流柱还可以增加传热的有效面积。

对于尾缘冷却,布置多排冲击孔也是一种重要的内部冷却手段,而且冲击也经常与其他冷却方式混合使用(如柱肋前的冲击、凹陷涡发生器表面和带肋表面的冲击)。与静叶中的冲击冷却相比,尾缘的多排冲击孔由于空间结构的限制,与被冷却壁面的夹角往往比较小。与柱肋冷却相比,采用冲击的方式一般会得到更大的传热系数,但也会造成更大的压力损失。事实上,当柱肋的阻塞比很大(例如采用一些长轴垂直流向的长形柱)时,柱间的流体流速很快,射流滞止到下游柱表面也会产生接近冲击的效果。

在冷却气流的内部流动组织上,可以利用射流的气旋效应,使冷却通道内部产生旋流,强化对流传热能力。旋流冷却即应用此原理,在相邻冷却腔内形成一定压比,通过冷却腔壁的射流孔形成射流,借助小空间内的射流冲击形成旋涡流动,该流动与离心分离器或是涡流室中使用的结构相似。这种旋流冷却方式在涡轮叶片前缘、弦中和尾缘均可采用。近年来,国内外许多研究集中于在通道内加装促旋带增加流动的旋转程度,或者采用壁面狭缝切向射流的方法来形成旋流,从而提高壁面的传热系数。

Liang 等[30]采用瞬态热色液晶技术研究了导流柱肋的传热性能。导流柱肋放置在尾缘楔形通道中。在几何方面,尾缘楔形通道(L 形通道)是一种典型的尾缘冷却通道,其冷却空气直接从叶根部分引入,由径向进入叶片尾缘部分,然后转向 90°后沿轴向流出。此种进气方式下,叶根转角处由于边界层分离必然会形成低速的回流涡,此处的温度较高,且有较高的温度梯度和热应力,从而影响尾缘整体的结构强度。

尾缘楔形转折通道如图 5 - 31 所示,通道的主要尺寸已标出。楔形通道的角度为 10°。在实验测试区域,通道从 28.8 mm 收缩到 10.5 mm,测试板是一块 300 mm×105 mm 的有机玻璃板,以楔形通道梯形截面为基准的水力直径为 45.7 mm。实验包含 3 种结构:柱肋阵列 B#、平行朝向导流柱肋阵列 G0 #和渐变朝向导流柱肋阵列 G30 #,都为 4 行 12 列的叉排阵列。B#柱肋的直径和 G0 #导流柱肋的粗端直径 D 均为 10 mm,G0 #导流柱肋的细端直径均为 5 mm,且两端的圆心距为 10 mm。横向间距直径比和流向间距直径比都为 2.5,如图 5 - 31(b)所示。对于导流柱肋阵列,G30 #导流柱肋的形状与 G0 #导流柱肋的形状相同,但 G30#导流柱肋中心轴水平偏转角度沿径向从 −30°线性渐变至 30°,如图 5 - 31(c)所示。在此部分的研究中,选择 30°为最大偏转角。另外,实验中的雷诺数分别为 9 400、18 800、28 100 和 37 500 时,雷诺数基于通道梯形截面计算。

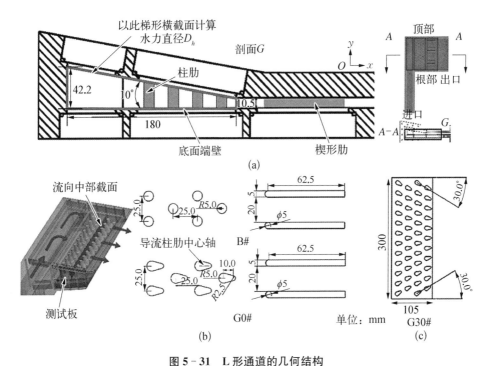

图 5 - 31　L 形通道的几何结构

(a) L 形通道;(b) B#和 G0#试验板局部尺寸;(c) G30#试验板

测试件变色过程中的一帧如图 5 - 32 所示。图 5 - 33 对比了瞬态热色液晶实验结果与数值模拟结果。可以发现,采用 Realizable k - ε 湍流模型的计算结果与实验结果吻合得较好,瞬态热色液晶技术对流场细节的刻画不亚于数值计算。实验过程中液晶变色图像及楔形转折通道端壁局部传热性能实验结果如图 5 - 34 所示,其展示了雷诺数为 18 800 和 37 500 时底面端壁局部努塞特数的实验结果。可以看出对于 B#柱肋阵列,在 B#柱肋顶部和根部附近,努塞特数相对较低,尤其是在上游拐角区域。努塞特数峰值出现在靠近根部的第 3、4 列柱肋处,且努塞特数沿流向逐渐减小。同样地,在 G0#导流柱肋阵列的根部区域表现出明显较低的努塞特数,而在顶部区域相比于 B#柱肋阵列传热略有加强。然而，在 G30#导流柱肋阵列中，根部和顶部附近的传热明显增强。此外，靠近顶部的低传热区域在几乎被消除，靠近根部的低传热区域面积则显著减小，端壁的整体传热均匀性也得到改善。即使在较低的雷诺数 $Re=18\,800$ 时，G30#导流柱肋阵列顶部区域的传热性能仍明显高于 B#柱肋阵列和 G0#导流柱肋阵列。这说明更多的流体在 G30#导流柱肋阵列调控流场的作用下被引到通道的顶部区域。

扫码获彩图

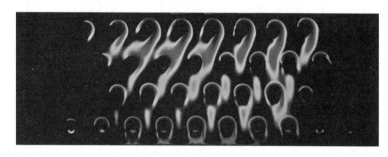

图 5-32　尾缘楔形转折通道表面传热实验液晶颜色变化

扫码获彩图

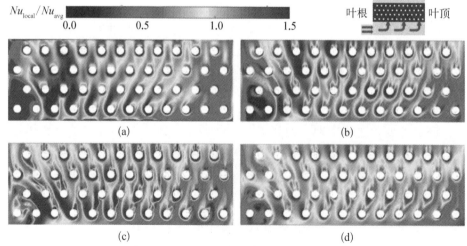

图 5-33　实验与数值模拟结果对比

(a) 实验结果；(b) Reliazable $k-\varepsilon$ 湍流模型；(c) $k-\omega$ SST 湍流模型；(d) RSM 模型

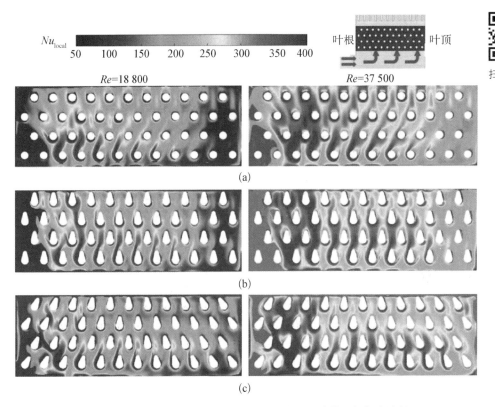

图 5-34 *Re*=18 800 和 *Re*=37 500 时底面端壁的局部努塞特数

（a）基准柱肋阵列 B#；（b）平行朝向导流柱肋阵列 G0#；（c）渐变朝向导流柱肋阵列 G30#

5.4 气膜冷却结构传热测试

高温涡轮叶片外部冷却的基本形式是气膜冷却，其原理是冷气通过气膜孔沿着叶片表面喷射而出，在主流的裹挟和叶片摩擦作用下，气膜冷却单元外壁面形成一层冷气保护膜。这层冷气保护膜不但能带走金属表面的热量，而且还能将高温燃气与金属壁面隔开，使流入金属壁面的热流密度大大降低，有效地降低了叶片局部热负荷。

图 5-35 展示了典型圆柱孔下游气膜出流形成的涡系结构[31]。在气膜的出射阶段，射流与主流相互作用形成很强的剪切层，从而产生强度较高的射流剪切层涡，剪切层涡不断牵引流体从冷气两侧脱离。同时，出射冷气与圆柱形孔周

围壁面相互作用,在近壁面区域形成环绕气膜孔出口的马蹄涡。马蹄涡尺度较小,但强度相对较大,可对气膜孔周围区域产生一定的冷却作用。气膜冷却最重要的涡系结构是反旋转涡对(counter rotating vortex pair, CRVP),它是由于射流与主流相互作用而形成的大尺度涡,也称肾形涡。一方面,CRVP 增大了对于壁面的传热系数,减小了高温主流与金属壁面之间的热阻;另一方面,CRVP 旋转方向为从外卷吸高温燃气至冷气柱下方,提高了近壁面流体的温度。因此,高强度的 CRVP 不利于气膜的冷却性能,提高气膜冷却效率的有效途径是尽可能削弱 CRVP 的影响范围和强度。此外,高吹风比时冷气柱通常会脱离壁面,在冷气柱与壁面之间的区域还存在着一系列尾迹涡。

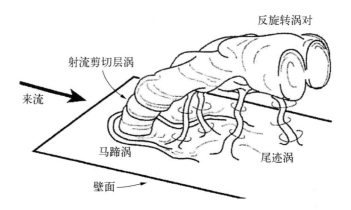

图 5 - 35 圆柱形气膜孔出流的涡系分布

气膜冷却研究中主要需要考量的是气膜冷却效率和掺混气流与壁面之间的传热系数。气膜冷却效率的定义如下:

$$\eta = \frac{T_g - T_{aw}}{T_g - T_c} \tag{5-2}$$

式中:T_g 为主流燃气温度;T_c 为冷却气温度;T_{aw} 为气流掺混后的温度,也称为绝热壁面温度。

根据一维非稳态导热方程和叶片模型表面的第三类边界条件,结合气膜冷却效率的形式,使用拉普拉斯变换可以得到气膜冷却效率和对流传热系数的瞬态测量公式[32],具体为

$$T_s(t) = \sum_{n=0}^{N} A_n n \beta^{2n} \left[\sum_{k=0}^{2n} \frac{(-\beta\sqrt{t})^k}{\Gamma\left(\frac{k}{2}+1\right)} - E_0 \right] +$$

$$\sum_{m=0}^{M} B_m(1-\eta)\beta^{2m}\left[\sum_{k=0}^{2m}\frac{(-\beta\sqrt{t})^k}{\Gamma\left(\frac{k}{2}+1\right)}-E_0\right]+$$

$$\left[A^*E_0+\frac{aB^*}{\beta}(1-E_0)+\frac{2a^2c^*}{2}\left(\frac{2\sqrt{t}}{\sqrt{\pi}}-\right.\right.$$

$$\left.\left.\frac{1}{\beta}+\frac{E_0}{\beta}\right)+\frac{6a^3D^*}{\beta}\left(t-\frac{2\sqrt{t}}{\beta\sqrt{\pi}}+\frac{1-E_0}{\beta^2}\right)\right] \qquad (5-3)$$

式中：$\beta=h/\sqrt{\rho c\lambda}$；$\rho$ 为冷却气密度；c 为叶片模型比热容；λ 为导热系数；a 为热扩散系数的平方根；$E_0=e^{\beta^2 t}\times\mathrm{erfc}(\beta\sqrt{t})$；$A^*$、$B^*$、$C^*$ 和 D^* 均为叶片模型表面温度随时间变化的曲线拟合系数；T_s 为涡轮叶片模型表面某一点的温度。

该公式的使用条件为测量件内的初始温度分布具有以下的形式：

$$T_i(y)=A^*+B^*y+C^*y^2+D^*y^3 \qquad (t=0) \qquad (5-4)$$

式中：y 为叶片模型厚度方向坐标。各项系数是通过在模型内布置若干测温点，根据测量数据进行拟合分析得到的。

实验过程中假定叶片模型上各个位置处的传热系数和气膜冷却效率不变，通过改变主流温度和二次流温度（即冷却液温度）以进行多次测量，可求出叶片表面某一点的气膜冷却效率和对流传热系数。

本节将从平板气膜冷却、前缘气膜冷却和涡轮叶片气膜冷却 3 个方面的应用来介绍。

5.4.1　平板气膜冷却传热测试

2016 年，李广超等[33]采用窄带瞬态液晶技术研究了双扩张孔和圆柱孔的冷却特性并对扩张孔出口宽度的影响进行了分析。测试方法同样基于一维半无限大平板假设，但具体公式推导与魏建生等的结果有所不同。

通过求解半无限大物体非稳态导热第三类边界条件，有如下公式：

$$\frac{T(x,t)-T_0}{T_\infty-T_0}=\mathrm{efrc}\left(\frac{x}{2\sqrt{at}}\right)-\exp\left(\frac{hx}{\lambda}+\frac{h^2at}{\lambda^2}\right)\times$$

$$\mathrm{erfc}\left[\frac{x}{2\sqrt{at}}+\frac{h\sqrt{at}}{\lambda^2}\right] \qquad (5-5)$$

在传热壁面(即 $x=0$)处,可简化为下式:

$$\frac{T_{\mathrm{w}}-T_0}{T_{\infty}-T_0}=1-\exp\left(\frac{h^2\lambda t}{\lambda\rho c}\right)\times\mathrm{erfc}\left(h\sqrt{\frac{t}{\lambda\rho c}}\right) \tag{5-6}$$

与壁面进行传热的流体即为覆盖在壁面上的气膜,即来流温度就是绝热气膜冷却温度,有如下公式:

$$T_{\infty}=T_{\mathrm{aw}}=(1-\eta)T_{\mathrm{g}}+\eta T_{\mathrm{c}} \tag{5-7}$$

将来流温度的公式代入壁面温度的公式中,即可得到壁面温度关于冷却效率和传热系数的双参数方程:

$$T_{\mathrm{w}}=T_0+\left[(1-\eta)T_{\mathrm{g}}+\eta T_{\mathrm{c}}\right]\left[1-\exp\left(\frac{h^2\lambda t}{\lambda\rho c}\right)\times\mathrm{erfc}\left(h\sqrt{\frac{t}{\lambda\rho c}}\right)\right]$$
$$\tag{5-8}$$

上述方程中,除物性参数外,初始温度 T_0、主流温度 T_{g} 和冷气温度 T_{c} 均为已知量,T_{w} 为液晶变色温度,t 为相应的变色时间,未知量仅有冷却效率 η 和传热系数 h。可以通过改变主流或者冷气温度,进行 2 次或 2 次以上的实验便可以求解这 2 个参数。

2018 年魏建生[34]研究了 V 形扩张流动的气膜冷却特性,文中气膜冷却效率和对流传热系数的推导公式如下。

一维非稳态热传导方程和第三类边界条件为

$$\frac{\partial T(y,t)}{\partial t}=a^2\frac{\partial^2 T(y,t)}{\partial y^2},\ a=\sqrt{\frac{\lambda}{\rho c}} \tag{5-9}$$

$$k\frac{\partial T(y=0,t)}{\partial y}=h\left[T_{\mathrm{s}}(t)-T_{\mathrm{aw}}(t)\right] \tag{5-10}$$

T_{aw} 可表示为主流温度 T_{g}、冷却气温度 T_{c} 和气膜冷却效率 η 的表达式:

$$T_{\mathrm{aw}}(t)=(1-\eta)T_{\mathrm{g}}(t)+\eta T_{\mathrm{c}}(t) \tag{5-11}$$

在实验中主流和冷却气流温度可拟合为时间的多项式函数:

$$T_{\mathrm{g}}(t)=\sum_{m}^{M}B_m\frac{t^m}{\Gamma(m+1)} \tag{5-12}$$

$$T_{\mathrm{c}}(t)=\sum_{n=0}^{N}A_n\frac{t^n}{\Gamma(n+1)} \tag{5-13}$$

上述公式组成了一个一维非稳态导热的定解问题,利用拉普拉斯变换的方法可以得到上文中 $T_s(t)$ 的表达式。

文中给出了吹风比 $M=0.5$、1.0、1.5 和 2.0 下,出口展向扩张角为 $20°$ 和 $25°$ 的 V 形孔下游壁面的气膜冷却效率分布,主孔倾斜角度为 $35°$。V 形孔结构如图 5-36 所示。

V 形孔下游壁面气膜冷却效率分布如图 5-37 所示。从图 5-37 中可以看出:2

图 5-36 V 形孔结构示意图

种不同展向扩张角结构的气膜冷却效率分布基本特征是相似的,均为孔中心线下游较高,孔间区域下游较低,随着吹风比的增加,孔中心线下游的气膜冷却效率逐渐升高,至吹风比 $M=2.0$ 时出现下降,且孔中心线下游高气膜冷却效率区域的展向范围变窄。

扫码获彩图

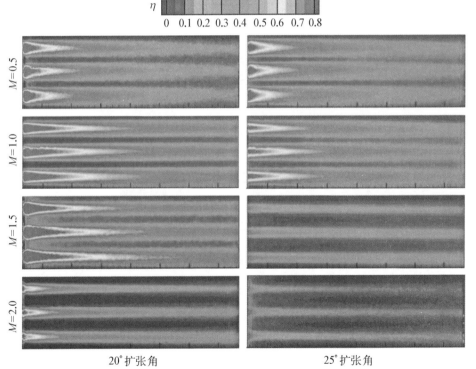

图 5-37 不同扩张角的 V 形孔下游气膜冷却效率实验测量值

两者之间的主要区别是不同吹风比下,气膜冷却效率的高低差异不同。吹风比 $M=0.5$ 时,20°扩张角 V 形孔的孔中心线气膜冷却效率高于 25°扩张角 V 形孔,但 25°扩张角 V 形孔的展向覆盖范围更广一点;吹风比 $M=1.0$ 和 $M=1.5$ 时,在 $X/D<15$ 的范围内,20°扩张角 V 形孔的孔中心线下游的气膜冷却效率略高于 25°扩张角 V 形孔;吹风比 $M=2.0$ 时,25°扩张角 V 形孔的孔后气膜冷却效率高于 20°扩张角 V 形孔,且射流的展向覆盖范围更广。

传热系数比分布如图 5-38 所示。从图中 5-38 可以看出:20°和 25°扩张角的 V 形孔在孔中心线下游的传热系数比较低,在 V 形孔出口下游的传热系数比较高,另外,随着吹风比的增加,孔中心线下游的传热系数比也逐渐升高。在吹风比为 0.5~1.5 时,20°扩张角 V 形孔的传热系数比低于 25°扩张角 V 形孔,特别是在孔出口区域附近,两者之间的差异较大。而在吹风比 $M=2.0$ 时,20°扩张角 V 形孔出口附近的传热系数比高于 25°扩张角 V 形孔,尤其是在孔间区域下游高出的比较明显。

扫码获彩图

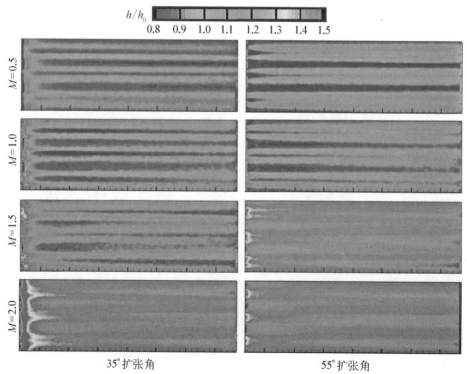

图 5-38 不同扩张角的 V 形孔下游传热系数比实验测量值

总体而言,气膜孔倾斜角增大会在整体上强化壁面对流传热,主流湍流度增加会明显减小传热系数比。随着吹风比的提高,主流湍流度对小倾斜角气膜孔传热系数比的影响变大,对大倾斜角气膜孔的影响则相反;气膜孔倾斜角增大会降低整体气膜冷却效率;主流湍流度增大会提高上游冷却效率,减小下游冷却效率,同时冷却效率展向分布得更加均匀。随着吹风比的提高,主流湍流度对小倾斜角气膜孔下游冷却效率的影响变小,对大倾斜角气膜孔下游的影响增大。

5.4.2 前缘气膜冷却传热测试

目前,先进的涡轮冷却技术对提高航空发动机性能和效率起决定性的作用。特别是高压涡轮叶片前缘,由于该区域存在驻点,容易出现燃气倒灌被高温燃气烧蚀,且旋转产生的离心力、科里奥利力(简称科氏力)等也会对流动传热产生影响。因此,旋转状态下涡轮叶片前缘流动传热特性的实验研究是必不可少的[35]。

除了在简化的模型上进行实验外,液晶热像还可以支持三维叶片上的温度测量。2010 年,朱惠人等[36]采用考虑曲率影响的瞬态液晶测量技术测量了叶片前缘圆柱形孔和扩张形孔气膜冷却特性。

文中的实验模型为半圆柱,考虑到曲率影响,叶片某点的表面温度 T_s 的最终解析式为

$$
T_s(t) = \left\{ \sum_{n=0}^{N} A_n \eta \beta^{2n} \left[\sum_{k=0}^{2n} \frac{(-\beta\sqrt{t})^k}{\Gamma\left(\frac{k}{2}+1\right)} - E_0 \right] + \sum_{m=0}^{M} B_m (1-\eta)^{2m} \right.
$$

$$
\left. \left[\sum_{k=0}^{2m} \frac{(-\beta\sqrt{t})^k}{\Gamma\left(\frac{k}{2}+1\right)} - E_0 \right] \right\} \bigg/ \left(1 - \frac{\lambda}{2hR}\right) +
$$

$$
T_0 (E_0 - 1) \bigg/ \left(1 - \frac{\lambda}{2hR}\right) + T_0 \tag{5-14}
$$

圆柱形孔和扩张形孔的冷却效率分布云图如图 5-39 所示。从图 5-39 中可以看出:冷却气流喷出后覆盖区域的方位取决于孔形和平均吹风比;与圆柱形孔相比,扩张形孔射流的覆盖面更广,主要覆盖区域的偏移角度更小;在不同测量区域内,圆柱形孔在平均吹风比为 1.4 时的覆盖效果最好,平均冷却效率最

高；扩张形孔的平均冷却效率在第一、二排孔间区域随平均吹风比的增加而单调升高，第二排孔后区域的平均冷却效率在各平均吹风比下基本一致，只是在平均吹风比为 0.7 时稍偏高一点。

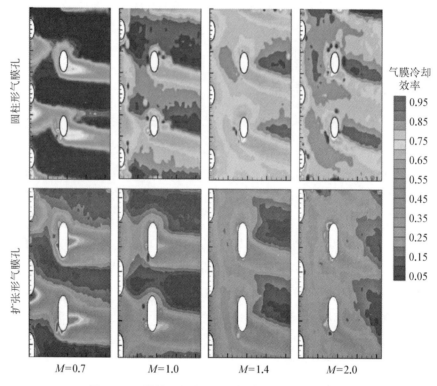

图 5 - 39　圆柱形和扩张形孔气膜冷却效率分布云图

结合液晶测温技术的旋转传热实验研究主要集中在旋转盘腔流动传热研究中，测量涡轮前缘外壁面温度场的研究则相对较少，主要原因是光学设备对流场扰动、摄像机和频闪在特定位置周向定位及同步触发等技术难题制约了液晶测温技术的应用。

王磊等[35]为更清楚地认识旋转态涡轮叶片前缘流动传热特性，提出了频闪拍照系统结合热色液晶测量旋转状态下全环涡轮叶片前缘外壁面温度场的实验方法，并利用该方法对前缘气膜覆盖效果进行了研究。在这项工作中，根据液晶显色时其色调值与温度之间的标定关系曲线确定前缘的表面温度。

图像采集过程中将工业摄像机整机内嵌于涡轮导向叶片内，镜头两侧圆滑过度，以减小对流场的扰动，如图 5 - 40 所示(相邻叶片涡轮导向叶片隐藏，便于观察)。摄像机工作于外触发拍照模式,并控制曝光时间。这套系统的控制信号延时时间与涡轮转速关联,不同的转速唯一对应不同的延时时间,涡轮转速变化时,控制信号延时时间随转速变化,保证摄像机在不同转速状态下都能精准周向定位;而发出不同脉宽信号则可精确控制频闪起辉及摄像机曝光,实现摄像机和频闪在涡轮高速旋转状态下在同步工作,完成叶片前缘液晶图像采样。

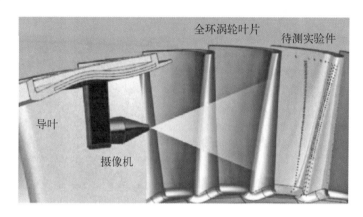

图 5－40　摄像机安装示意图

在实验过程中,标定叶片选用导热系数为 175 W/(m・K)的铝合金加工完成,前缘沿叶高方向均匀分布 3 个 T 型热电偶,选用 SPN－R30C20W 宽幅热色液晶对涡轮前缘外壁面温度进行测量,理论显色温度范围为 303～323 K。实验中可认为旋转实验件的离心加速度达到 16 000g 时(3.3.6 节已经讨论过该问题),热色液晶的显色特性几乎不受旋转的影响,因此只在涡轮静止状态下标定液晶显色色调值随温度变化的规律。标定实验中,光源位置、光照强度、摄像机位置和拍摄方式等均与实验工况相同。在液晶显色范围内,温度每改变约 0.5 K 时拍摄多张图片,计算前缘区域的平均色调值。

在得到前缘外壁面二维温度云图之后,给出了某型涡轮叶片静止状态和不同旋转状态下的前缘部分区域外壁面平均气膜冷却效率随旋转数 R_t 变化的规律曲线,以及该区域不同旋转数下二维温度云图(见图 5－41),由图 5－41 可以看出旋转状态下的气膜覆盖面积整体上小于静止状态下的气膜覆盖面积,且随着旋转数的增大,前缘整体气膜覆盖面积减少,外壁面温度升高,气膜冷却效率随旋转数的增大而下降。此外,离心力与科氏力的综合作用使得射流径向偏移。

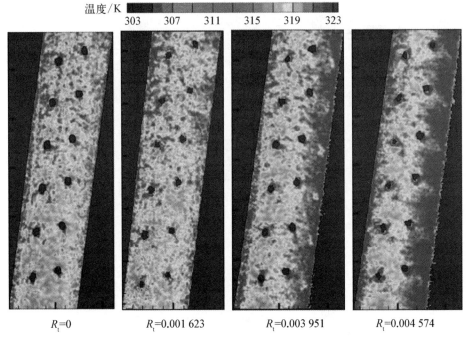

温度/K

303　307　311　315　319　323

$R_t=0$　　　　　$R_t=0.001\ 623$　　　　　$R_t=0.003\ 951$　　　　　$R_t=0.004\ 574$

图 5‑41　不同旋转数时的温度云图

5.5　液晶测量表面剪应力

壁面剪应力是流体力学中的一个重要表面量。在空气动力学研究中，通过观察和测量固体表面的剪应力分布，可以获得许多有价值的信息。气体在这些表面上产生的摩擦力会显著影响飞机的性能。内部摩擦力，如喷气发动机空气压缩所产生的摩擦力，也会影响飞机的性能。然而，壁面剪应力的测量仍然是非常具有挑战性的。尽管已经开发了各种机械或电气传感器用于壁面剪切应力测量，如机械平衡、侵入式探针或微电子机械系统（MEMS），但这些方法通常很复杂，侵入式测量会干扰流动、破坏被测表面。因此，发展任何能有效地测量高空间分辨率的壁面剪应力的方法都是十分有必要的。

在飞行试验中，胆甾相液晶涂层已经被用于通过颜色显示技术来指示剪切应力。剪切敏感液晶涂层是由平行于涂层表面的长平面状分子的螺旋聚集体组成的。在涂层中，相邻两层分子绕垂直于平面的轴旋转排布，沿轴方向的尺寸约为可见光的波长。这种层状螺旋结构使此类材料具有极高的光学活性。垂直入射到涂层表面的白光被选择性地散射，其波长与螺旋螺距成比例。在涂层任一边界处施加剪切力的情况下，螺旋结构的局部螺距发生改变且局部螺旋轴相对于无剪切状态倾斜。最终结果是入射光以高度定向的方式反射，成为空间中的三维色谱。

有 2 种不同的过程可以用来表示剪切水平。在第一种过程中，液晶材料被涂到表面并被加热以将其驱动到各向同性相。然后让模型和液晶膜冷却，液晶呈现无色焦锥纹理。当液晶涂层受到剪切力的作用时，涂层会显示彩色的 Grandjean 纹理，从焦锥纹理变化到 Grandjean 纹理的过程是不可逆的。这种改变纹理的方法依赖于从无色到彩色纹理的变化时间，不依赖于照明或视角，因此通过校准可以定量测量剪切应力。在第二种过程中，液晶层从 Grandjean 纹理开始显色，然后剪切力使得其产生颜色变化。这一过程是可逆的，当剪切停止时，材料将呈现其原始颜色。这种彩色可视化技术提供了相对剪切应力的定性测量能力，当采用多视角的测量方式时，也可对表面剪应力矢量进行定量测量。

Mee[37]研究了液晶在边界层中用于转捩检测和剪应力定量测量的适用性。实验在低速（0～40 m/s）风洞中进行，并比较了 2 种转捩测试方法。测试段尺寸 500 mm×300 mm，将一块长 900 mm 且具有成形前缘的 12 mm 厚有机玻璃平板作为待测对象。自由流无压力梯度，自然转捩的位置取决于自由流流速。实验的主流为常温常压的空气。

在实验中，平板中心线上粘贴了 127 mm 宽的加热片，以进行传热测量。加热膜表面还设有 T 型热电偶，用于确定液晶的变色温度（校准液晶）。热电偶还用于测量板材达到稳态温度所需的时间。加热器膜的上表面喷有一层薄（约 5 μm）的哑光黑色涂料作为背景，使得液晶变色更明显。液晶被喷涂在黑漆表面。

实验中使用丝网筛选的方式得到厚度相对均匀的液晶膜。经丝网筛选，液晶层大部分呈现暗红色 Grandjean 纹理。通过将 TIS11 混合物加热到各向同性相（约为 50 ℃），并使其冷却回胆甾相，该膜被驱动回到着色的焦锥状态。当测试件冷却至环境温度时，开启风洞，剪切施加后膜层需要一段时间才能呈现出暗红色。随着胆甾相螺旋线与膜表面位移的增加（即随着中间相从焦点锥状向 Grandjean 织构的发展），该层的黏度迅速降低。最终，液晶膜流动并显示出深红色。这一流动发生的时间已被用于量化表面剪应力。

液晶的显色时间和表面剪应力之间的关系可以使用 Bonnet 构建的模型：

$$\ln \tau = A + B \ln t \qquad (5-15)$$

式中：τ 是表面切应力；t 是液晶显色时间；A 和 B 均是校准过程的常数。Mee 在这次实验中，将湍流区的实验数据与 Stans 的预测值进行了拟合，对该液晶进行了标定。该过程的结果如图 5-42 所示，其中 A 和 B 的确定值分别为 1.9 和 -0.18。图中还给出了用该标定绘制的低速下的实验结果，并与另一种预测结果进行了比较。研究还另外在截面为 3 mm×75 mm 的管道中进行了充分发展的湍流试验，尝试独立校准相同厚度的胆甾相液晶。这些试验的初步结果表明，上述公式具有良好的适用性。A 和 B 的值略有不同（分别为 1.75 和 -0.175），但通过该校准获得的剪切应力值在图 5-42 的 15% 范围内。实验还表明，温度对液晶层显示颜色的时间有影响，这与混合物黏度对温度的依赖性有关；这种液晶技术不适用于流动方向上剪应力负梯度较大的区域。液晶一旦进入 Grandjean 状态，其流动速度就要快得多。因此，在较高剪切应力的区域，液晶快速进入 Grandjean 状态，将在剪切应力较低部分的下游流动，从而掩盖这些区域的结果。

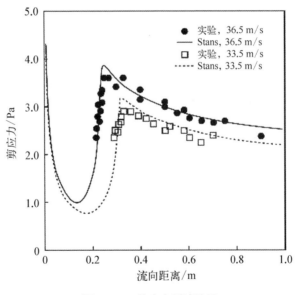

图 5-42　剪应力测试结果

Bonnett[38] 也进行了液晶在剪应力测量中的适用性研究。实验中，测试件表面喷涂有液晶涂层，当流体在测试件表面产生剪切时，湍流区的高剪切和层流区的低剪切之间存在不同的颜色变化。在这些测试中，液晶所受剪切力垂直于螺旋轴方向,产生的速度梯度平行于螺旋轴方向。增大的剪切力导致胆甾型液晶选择性反射的波长向光谱的蓝色端偏移,并且散射强度随之降低。在采用板间剪切的实验中还观察到了临界剪切速率,在剪切过程中会发生结构不稳定性和纹理变化。通过详细检查胆甾型液晶的选择性散射,发现该选择性反射是关于照明和视角的函数。

　　Reda 等[39]基于剪敏液晶在 Grandjean 纹理中的可逆变色过程,发展了剪敏液晶测试技术。如前文所述,当液晶在受到垂直白色光源照射时,其反射可见光波长与观察者视线和流动方向有光。当处于液晶和观察者同一侧的布置时,若剪应力方向与视线同向,则可观察到液晶变色最为明显;若方向相反,则液晶颜色几乎没有变化。由此,可基于这一特性进行流动分离区域的定性测量。图 5 - 43 所示为在三维翼型上表面使用剪敏液晶显示流动分离和转捩的实验结果。在实验中使用了 2 台同步快门的彩色摄像机进行拍摄:一台面向流动下游,与模型水平面呈 30°夹角;另一台则面向流动上游,呈 43°夹角。由于液晶变色具有指向性,可以观察到在面向下游的摄像机中,前缘为亮黄色,而在下游的视角中,前缘为红色。这一现象表明在机翼前部存在前缘分离;在机翼的其他位置,面向下游的摄像机显示为蓝色,表示流动为高剪切的湍流附着流动。

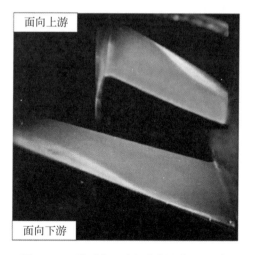

图 5 - 43　翼型表面液晶变色图像,$\alpha = 8°$,
$M = 0.4$,$Re = 2.5 \times 10^6$

　　高丽敏等[40]基于剪敏液晶测试技术实现了对叶栅风洞内流场边界层分离、再附着和转捩等流动状态的捕捉,并通过三维重构方法还原了原始图像的空间特征,三维重构后的图像如图 5 - 44 所示。

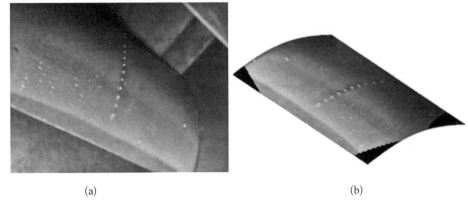

(a)　　　　　　　　　　　　　　　　　　　(b)

图 5‑44　叶片原始图像及三维重构后的图像

(a) 原始图像；(b) 重构后图像

气流攻角 $i=0°$，$Ma=0.12$ 时剪敏液晶涂层（SSLCC）三维重构图像如图 5‑45 所示，图像中黑色的部分是未拍摄的部分。可以将图像分为 4 个区域，分别标记为 Ⅰ、Ⅱ、Ⅲ、Ⅳ。在叶片前缘位置，即区域 Ⅰ 中，气流突然加速形成闭式分离泡，分离泡中产生回流，由于剪敏液晶显色的方向性，Ⅰ 区域并没有明显变色。分离流在区域 Ⅰ 和区域 Ⅱ 分界处附着，该局部区域剪切应力出现极大值，出现了颜色较深的橙色，随着流动向下游发展，壁面剪切应力逐渐减弱，流动发展到区域 Ⅲ 时发生转捩，流动状态由层流变为湍流，壁面剪切应力逐渐增大，液晶涂层的颜色再次加深变为橙色。由于光照不足，已经无法分辨区域 Ⅳ 内的信息。

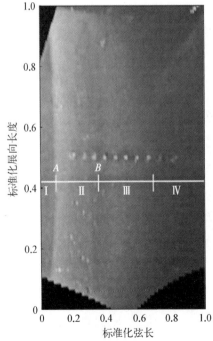

**图 5‑45　$i=0°$，$Ma=0.12$ 时 SSLCC
三维重构图像**

由于剪敏液晶在不同视角下观察到的光波长不同，因此可基于这一原理实现剪应力的定量测量。Reda 等[41] 提出了多视角下的剪敏液晶定量测量技术。图 5‑46 所示为用于定量测量的液晶标定实验装置。待测平板上喷涂有剪敏液晶，平板中心有平行于平面的射流产生剪切力。射流由储气罐供气,其压力差与剪应力之间成正比,因此实验采用相对值的形式表征剪应力大小。光学探针安装在一个可以绕平板中心垂直轴旋转的支架上,用于接收在不同角度 β 下的液晶散射光信号。

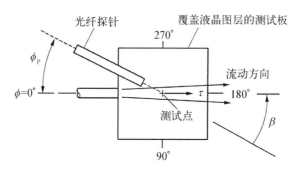

图 5 - 46　剪敏液晶标定实验台

图 5 - 47 是在垂直于平面的白色光源照射下的液晶散射光的波长和强度分布曲线。在 $\beta = 0°$ 时,散射光峰值强度相对应的波长转移到较低的波长,表明颜色从橙色、黄色和绿色转移到蓝色;此外,峰值大小随着剪应力的增大而不断减小。在 $\beta = 180°$ 时,散射光峰值大小依然随剪应力增大而减小,但对应的波长位置则没有变化,表明液晶不变色。基于剪敏液晶的这一特点,可以绘制出散射光强峰值对应波长和角度 β 之间的关系(见图 5 - 48),以及与(相对)剪应力大小之间的关系(见图 5 - 49),这为剪敏液晶定量测量奠定了基础。

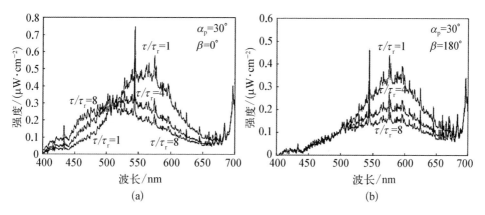

图 5 - 47　不同夹角下的反射光强度和波长分布

(a) $\alpha_{\text{p}} = 30°$, $\beta = 0°$; (b) $\alpha_{\text{p}} = 30°$, $\beta = 180°$

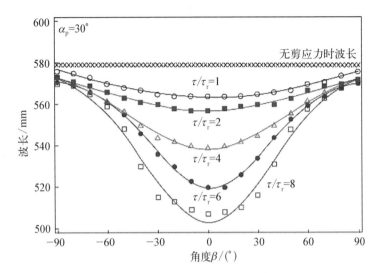

图 5‑48　液晶散射光主波长与观察角度的关系曲线

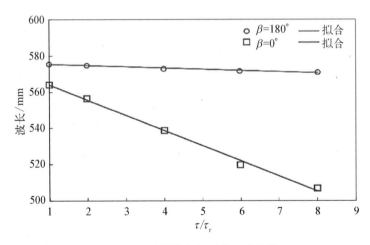

图 5‑49　主波长与相对剪应力曲线

　　Reda 等[41]指出,不同观察角度下主波长符合高斯分布,而曲线的极值对应的角度则表示了当地剪应力矢量的方向。因此,可通过对待测对象上任意一点进行多视角测量,在得到多个主波长和对应的观察角度后,由高斯分布拟合得到该点的剪应力方向。此外,主波长和(相对)剪应力大小则呈现较好的线性关系,在液晶标定后可根据主波长的大小得到当地剪应力的大小。

　　Zhao 等[42]采用这一方法测试了两种剪敏液晶(BCN/192、BN/R50C)在平板射流剪应力测量上的表现。重构得到的应力分布如图 5 - 50 所示。与 Reda 等提出的使用波长作为测量值不同,Zhao 等[42]直接只用图像色调值作为拟合参数,处理方法更为简便。Melekidis 等[43]进行了风洞内精细的剪敏液晶定量测量,并与人为设计的壁面剪应力分布进行对比。他们的实验结果为剪敏液晶的定量测量技术提供了应用参考。

扫码获彩图

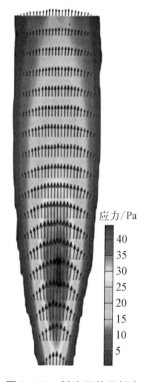

应力/Pa

图 5 - 50　射流下的平板表
面剪应力云图

参考文献

[1] Smith C R, Sabatino D R, Praisner T J. Temperature sensing with thermochromic liquid crystals[J]. Experiments in Fluids, 2001, 30(2): 190 - 201.

[2] Ochoa A D, Baughn J W, Byerley A R. A new technique for dynamic heat transfer measurements and flow visualization using liquid crystal thermography[J]. International Journal of Heat and Fluid Flow, 2005, 26(2): 264 - 275.

[3] Terzis A, Von Wolfersdorf J, Weigand B, et al. A method to visualise near wall fluid flow patterns using locally resolved heat transfer experiments[J]. Experimental Thermal

and Fluid Science, 2015, 60: 223 - 230.

[4] Terzis A. On the correspondence between flow structures and convective heat transfer augmentation for multiple jet impingement[J]. Experiments in Fluids, 2016, 57(9): 146 - 160.

[5] Rhee H S, Koseff J R, Street R L. Flow visualization of a recirculating flow by rheoscopic liquid and liquid crystal techniques[J]. Experiments in Fluids, 1984, 2(2): 57 - 64.

[6] Dabiri D, Gharib M. Digital particle image thermometry: the method and implementation[J]. Experiments in Fluids, 1991, 11(2): 77 - 86.

[7] Kowalewski T A. Particle image velocimetry and thermometry using liquid crystals tracers[C]//Goettingen, Germany: DLR Deutsches Zentrum Für Luft- und Raumfahrt e.V, 4th International Symposium on Particle Image Velocimetry, 2001.

[8] Srinath V E, Je-Chin H. A transient liquid crystal thermography technique for gas turbine heat transfer measurements[J]. Measurement Science and Technology, 2000, 11 (7): 957 - 968.

[9] Cavallero D, Tanda G. An experimental investigation of forced convection heat transfer in channels with rib turbulators by means of liquid crystal thermography [J]. Experimental Thermal and Fluid Science, 2002, 26(2): 115 - 121.

[10] Kunstmann S, Wolfersdorf J V, Ruedel U. Heat transfer and pressure loss in rectangular one-side-ribbed channels with different aspect ratios [J]. Journal of Turbomachinery, 2013, 135(3): 1 - 9.

[11] Maurer M, Ruedel U, Gritsch M, et al. Experimental study of advanced convective cooling techniques for combustor liners[C]//Berlin, Germany: American Society of Mechanical Engineers, Proceedings of the ASME Turbo Expo 2008: Power for Land, Sea, and Air, 2008.

[12] Guo Z, Rao Y, Li Y, et al. Experimental and numerical investigation of turbulent flow heat transfer in a serpentine channel with multiple short ribbed passes and turning vanes [J]. International Journal of Thermal Sciences, 2021, 165: 106931.

[13] Chyu M K, Yu Y, Ding H, et al. Concavity enhanced heat transfer in an internal cooling passage[C]//Orlando, Florida, USA: American Society of Mechanical Engineers, Proceedings of the ASME 1997 International Gas Turbine and Aeroengine Congress and Exhibition, 1997.

[14] Rao Y, Feng Y, Li B, et al. Experimental and numerical study of heat transfer and flow friction in channels with dimples of different shapes[J]. Journal of Heat Transfer, 2015, 137(3): 031901.

[15] 李文灿,饶宇,李博,等.具有边缘倒圆凹陷涡发生器传热性能实验[J].航空学报,2017, 38(9): 172 - 179.

[16] Zhang P, Rao Y, Ligrani P M. Experimental study of turbulent flow heat transfer and pressure loss over surfaces with dense micro-depth dimples under viscous sublayer[J]. International Journal of Thermal Sciences, 2022, 177: 107581.

[17] Rao Y，Zhang P，Xu Y，et al. Experimental study and numerical analysis of heat transfer enhancement and turbulent flow over shallowly dimpled channel surfaces[J]. International Journal of Heat and Mass Transfer，2020，160：120195.

[18] Huang Y，Ekkad S V，Han J C. Detailed heat transfer distributions under an array of orthogonal impinging jets[J]. Journal of Thermophysics and Heat Transfer，1998，12 (1)：73 - 79.

[19] Ekkad S V，Kontrovitz D. Jet impingement heat transfer on dimpled target surfaces[J]. International Journal of Heat and Fluid Flow，2002，23(1)：22 - 28.

[20] Terzis A，Cochet M，Von Wolfersdorf J，et al. Detailed heat transfer distributions of narrow impingement channels with varying jet diameter[C]//Düsseldorf，Germany：American Society of Mechanical Engineers，Proceedings of the ASME Turbo Expo 2014：Turbine Technical Conference and Exposition，2014.

[21] Luan Y，Rao Y，Weigand B. Experimental and numerical study of heat transfer and pressure loss in a multi-convergent swirl tube with tangential jets[J]. International Journal of Heat and Mass Transfer，2022，190：122797.

[22] Luan Y，Rao Y，Xu C. Experimental and numerical study on an enhanced swirl cooling with convergent tube wall and local dimple arrangements[J]. International Journal of Thermal Sciences，2023，185：108083.

[23] Luan Y，Rao Y，Yan H. Experimental and numerical study of swirl impingement cooling for turbine blade leading edge with internal ridged wall and film extraction holes [J]. International Journal of Heat and Mass Transfer，2023，201：123633.

[24] Xing Y，Weigand B. Experimental investigation of impingement heat transfer on a flat and dimpled plate with different crossflow schemes[J]. International Journal of Heat and Mass Transfer，2010，53(19)：3874 - 3886.

[25] Tanda G. Heat transfer and pressure drop in a rectangular channel with diamond-shaped elements[J]. International Journal of Heat and Mass Transfer，2001，44(18)：3529 - 3541.

[26] Chyu M K，Yen C H，Siw S. Comparison of heat transfer from staggered pin fin arrays with circular，cubic and diamond shaped elements[C]//Montreal，Canada：American Society of Mechanical Engineers，Proceedings of the ASME Turbo Expo 2007：Power for Land，Sea，and Air，2007.

[27] 万超一，饶宇，陈鹏.狭窄通道具有针肋的表面冲击冷却实验研究[J].工程热物理学报，2016，37(9)：2000 - 2005.

[28] Liang D，Chen W，Ju Y，et al. Comparing endwall heat transfer among staggered pin fin，kagome and body centered cubic arrays[J]. Applied Thermal Engineering，2021，185：116306.

[29] Chen L，Brakmann R G A，Weigand B，et al. Detailed investigation of staggered jet impingement array cooling performance with cubic micro pin fin roughened target plate [J]. Applied Thermal Engineering，2020，171：115095.

[30] Liang C，Rao Y，Luo J，et al. Experimental and numerical study of turbulent flow and

heat transfer in a wedge-shaped channel with guiding pin fins for turbine blade trailing edge cooling[J]. International Journal of Heat and Mass Transfer, 2021, 178: 121590.

[31] Fric T F, Roshko A. Vortical structure in the wake of a transverse jet[J]. Journal of Fluid Mechanics, 1994, 279: 1 - 47.

[32] 刘存良,朱惠人,白江涛,等.基于瞬态液晶测量技术的收缩-扩张形孔气膜冷却特性[J].航空学报,2009,30(5): 812 - 818.

[33] 李广超,付建,张魏,等.双向扩张孔出口宽度对气膜冷却特性影响[J].推进技术,2016,37(11): 2088 - 2096.

[34] 魏建生.高效异型气膜冷却结构流动与传热特性研究[D].西安:西北工业大学,2018.

[35] 王磊,陶智,王海潮,等.旋转涡轮叶片前缘热色液晶测温技术研究[J].航空动力学报,2017,32(11): 2638 - 2645.

[36] 朱惠人,张霞,刘存良.叶片前缘圆柱形孔和扩张形孔气膜冷却特性研究[J].航空动力学报,2010,25(7): 1464 - 1470.

[37] Mee D, Walton T, Harrison S, et al. A comparison of liquid crystal techniques for transition detection[C]//Reno, Nevada, U.S.A: AIAA, 29th Aerospace Sciences Meeting, 1991.

[38] Bonnett P, Jones T V, Mcdonnell D G. Shear-stress measurement in aerodynamic testing using cholesteric liquid crystals[J]. Liquid Crystals, 1989, 6(3): 271 - 280.

[39] Reda D C, Wilder M C, Crowder J P. Simultaneous, full-surface visualizations of transition and separation using liquid crystal coatings[J]. AIAA Journal, 1997, 35(4): 615 - 616.

[40] 高丽敏,李永增,张帅,等.扩压叶栅剪敏液晶试验与图像处理[J].航空学报,2017,38(9): 129 - 137.

[41] Reda D C, Muratore Jr. J J. Measurement of surface shear stress vectors using liquid crystal coatings[J]. AIAA Journal, 1994, 32(8): 1576 - 1582.

[42] Zhao J, Scholz P, Gu L. Color change characteristics of two shear-sensitive liquid crystal mixtures (bcn/192, bn/r50c) and their application in surface shear stress measurements[J]. Chinese Science Bulletin, 2011, 56(27): 2897 - 2905.

[43] Melekidis S, Elfner M, Bauer H J. Towards quantitative wall shear stress measurements: calibration of liquid crystals[C]//Virtual, Online: American Society of Mechanical Engineers, Proceedings of the ASME Turbo Expo 2020: Turbomachinery Technical Conference and Exposition, 2020.

1. 胆甾相液晶的光学性质有哪些？请阐述胆甾相液晶显色示温的基础。

2. 请分别阐述瞬态液晶热像测温技术相较于热电偶等直接测温技术或红外热像等非接触测温技术的优势是什么？

3. 热色液晶的校准是整个测温过程中最为关键的部分，请叙述为何采用绿色峰值法进行校准。

4. 试阐述影响液晶热像测量精度的因素。

5. 对于内部对流冷却，采用瞬态液晶热像测温技术测量表面传热分布，如图 1 所示，请分别叙述对于相机位置 1 和相机位置 2，待测表面液晶及黑漆的喷涂顺序。

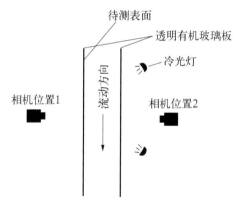

图 1 某瞬态液晶热像实验

6. 请描述自 RGB 色彩空间转换至 HSL 色彩空间时产生的转换问题。如何尽可能地降低转换误差？

7. 依据表 1 中温度及 R、G、B 通道的数据，比较色调值法和绿色峰值法传热测量各自特点。

表 1　温度及 R、G、B 通道的数据

$T/℃$	R	G	B	$T/℃$	R	G	B
34.93	53.85	74.51	71.68	35.51	98.95	177.15	70.92
35.09	56.14	97.18	108.17	35.55	108.98	173.37	63.94
35.16	56.80	112.28	126.95	35.58	122.61	166.51	58.82
35.21	58.73	130.59	132.71	35.65	135.22	157.40	53.35
35.25	59.12	140.27	130.16	35.73	153.73	143.81	49.38
35.33	61.30	156.01	121.08	35.86	179.11	121.77	44.87
35.35	65.03	164.86	111.34	35.90	186.42	116.07	44.28
35.41	71.07	172.96	99.35	35.93	195.03	108.89	43.63
35.44	74.50	175.86	93.98	36.04	209.17	99.01	43.04
35.47	82.92	179.18	83.09	36.11	231.31	85.40	42.77

8. 什么是图像处理中的增益？通过设置增益可以尽可能地保留视频中的暗部信息。对于一个 8 比特的视频片段，应当设置增益使得 R、G、B 通道的亮度均不超过何值？若超过会产生什么后果？

9. 稳态液晶热像测温技术和瞬态液晶热像测温技术的区别是什么？

10. 在瞬态液晶热像实验中，为何要瞬间提高来流温度？

11. 请阐述在瞬态液晶热像实验中采用主流冷却壁面时，试验段的预热方法。

12. 在气流温度为理想阶跃的条件下，请从一维无限大壁面导热方程推导壁面边界的温度场。

13. 什么是一维半无限大平板假设？在瞬态液晶热像实验中，为何要控制实验件的材料和厚度？为何要控制液晶变色时间？

14. 在瞬态液晶热像实验中，选取亚克力板作为测试板，若实验持续时间约为 60 s，请确定测试板的最小厚度。亚克力比热容为 1 464 J/(kg·K)，密度为 1 200 kg/m³，导热率为 0.15 W/(m·K)。

15. 在内部对流冷却实验中，雷诺数（Re）是最重要的流动参数之一。已知在一瞬态液晶热像实验中，冷气在实验工况下运动黏度为 $1.57×10^{-5}$ Pa·s，通道水力直径为 0.033 m，主流速度为 27 m/s，运动黏度、水力直径和主流速度的不确定度分别为 $±0.3\%$、$±1\%$、$±2.5\%$，请采用均方根法计算雷诺数的不确定度。

16. 已知在一瞬态液晶热像实验中,某像素点的温度数据及其他实验参数如表 2 所示,请采用均方根法计算传热系数的不确定度。

表 2 某像素点的温度数据及其他实验参数

参数	数值	误差	参数	数值	误差
$T_i/℃$	22.3	$±0.5℃$	$\rho/(kg·m^{-3})$	1 190	$±0.8\%$
$T_w/℃$	36	$±0.5℃$	$c/(J·kg^{-1}·K^{-1})$	1 464	$±0.7\%$
$T_{aw}/℃$	45	$±0.5℃$	$k/(W·m^{-1}·K^{-1})$	0.19	$±5.3\%$
t/s	50	$±0.1 s$			

17. 采用瞬态液晶热像测温技术测量带肋片通道表面的传热系数时,为何要将肋片部分的数据扣除?

18. 现有一待测表面冷却结构,请从实验系统、标定实验、实验测试过程、数据处理等方面进行简要的实验设计。